纺织服装高等教育"十四五"部委级规划教材

国际时装设计大师
作品鉴赏

陈 彬 著

东華大學 出版社
·上海·

图书在版编目（CIP）数据

国际时装设计大师作品鉴赏 / 陈彬著. -- 上海：东华大学出版社，2022.3
ISBN 978-7-5669-2000-3

Ⅰ. ①国… Ⅱ. ①陈… Ⅲ. ①时装－绘画－作品集－世界－现代 Ⅳ. ①TS941.28

中国版本图书馆CIP数据核字(2021)第218346号

本书部分图片，因无法联系原作者，未能逐一征求意见，在此表示真诚的歉意。若图片原作者看到后，有疑义者可与本书作者联系。

策划编辑：徐 建 红
责任编辑：杜 亚 玲
书籍设计：东华时尚

出　　　　版：东华大学出版社（地址：上海市延安西路1882号　邮编：200051）
本 社 网 址：dhupress.dhu.edu.cn
天猫旗舰店：http://dhdx.tmall.com
销 售 中 心：021-62193056 62373056 62379558
印　　　　刷：上海万卷印刷股份有限公司
开　　　本：787mm×1092mm 1/16
印　　　张：8
字　　　数：280千字
版　　　次：2022年3月第1版
印　　　次：2024年1月第2次
书　　　号：ISBN 978-7-5669-2000-3
定　　　价：78.00元

1 巴黎篇

2 伦敦篇

1

巴黎篇

凡德沃斯特｜A.F.Vandevorst

时装品牌档案

为了纪念品牌凡德沃斯特（A.F.Vandevorst）成立20周年，安·凡德沃斯特（An Vandevorst）和菲利普·阿瑞克斯（Filip Arickx）这对设计师夫妇在2018年春夏高定系列中对过去的作品进行了回顾。所有设计均进行了重新构思，该品牌标志性的道具如马鞍、红十字、降落伞等一一呈现，整体设计不乏品牌主打的解构、街头和前卫风格。黑色孕育着反叛和另类，是品牌的常见色。左下图这款以黑白为主，辅以红色点缀。不对称的马鞍结构、红十字和眼睛印花构成了设计中心，在白色的衬托下格外醒目。解构风格向来是凡德沃斯特（A.F.Vandevorst）的品牌基因，这款黑色裙装结构呈伞状，侧面设计了独特的穿绳和系结，其随意的造型与合体的上装及紧身裤在整体上张弛有度，富有节奏感。略带朋克风格的帽饰和黑白镶拼短靴搭配更显前卫意识。

2019年春夏系列是对"婚纱的传承"的研究，这对设计师夫妇收集了大量的复古婚纱，并重新加工剪裁，在此系列中将婚纱与T恤、连帽衫、镶钉长裤或长靴进行混搭。右下图这款造型似帐篷的婚纱设计作品，基于街头设计理念进行重构与混搭，作品采用中世纪神父装的廓形，仅露出双眼的连帽上装结构、神父装的裂口袖子（slash）、上下分离款式、中性硬朗的长靴等设计细节无不传达出叛逆精神，而这种精神被巧妙地运用于传统而浪漫的婚纱设计中。就设计风格而言，传统与前卫，浪漫与反叛在作品中融为一体。设计师将民族风格和嬉皮元素，如手工蕾丝面料、钉珠装饰等，巧妙地糅合起来，塑造出独具魅力的新时尚。

亚历山大·麦昆｜Alexander McQueen

时装品牌档案

2019 年春夏，亚历山大·麦昆（Alexander McQueen）品牌的主题是关于姐妹情谊，尤其是女性的具有里程碑意义和仪式感的时刻——出生、洗礼、婚礼、葬礼，该系列灵感来源于古董洗礼礼服，在波托贝洛（Portobello）市场购置的维多利亚式婚纱是这场秀的灵感来源之一。设计总监莎拉·伯顿（Sarah Burton）带领她的团队参观了英国西部的古老纪念碑，并在萨默塞特（Somerset）沼泽采风，秀场上的印花和提花图案都来源于他们在沼泽的树篱上拍摄的照片，据说那里有亚瑟王的传说，他们沉浸在异教、基督教和自然历史中的经历与衣服的材质之间的联系中。右上图这款收腰大摆连衣长裙，在造型上采用了紧身胸衣结构，总体呈现典型的女性化特征，但在具体细节上则表达出豪爽英武之气，如盔甲式双层肩部造型、皮革质地、大量金属拉链和装饰件的使用、咄咄逼人的高领结构等。在胸前、颈部和肩部，手工彩绘的花卉在黑色皮革映衬下显得格外绚烂，设计师将民族与朋克风格、手工与现代技术、鲜艳的纯色与沉闷的黑色构建出一个相互冲撞的矛盾体，或许这才是设计的魅力所在。

2019 年时装界弥漫着浓浓的民族风和浪漫气息，这一切催生了设计师莎拉·伯顿对英国传统文化和生产制造技术的探寻之路。她想展示英国历史（白衣竞选者）、传统文化和节日（玫瑰皇后）、民族英雄，以及当地生产的羊毛面料，所以在整场系列中不乏经典的英式元素，如绅士感套装大衣、乡村风格连衣裙、格子图案、蕾丝面料和玫瑰纹样等，这一切在设计上以朋克风格展现，诸如金属材质、狗项圈、穿刺、透视、胸衣结构、黑色玫瑰等。右下图这款 2019 年秋冬的连衣裙设计造型呈女性化的 A 形，红色玫瑰图案装饰的吊带低胸连衣裙呈斜向不对称结构，红色与黑色有规律地相间。裙下身是宽褶形式，两排褶裥极具韵律美感，与自由的红色图案形成对比。下身设计看似连衣裙，其实由裙子和长裤构成，在材质、造型、色彩和风格上互补，刚柔并济，构思巧妙。

邓昌涛｜Andrew Gn

时装品牌档案

邓昌涛（Andrew Gn）2019 年秋冬设计源自于设计师孩提时代看过的一部 20 世纪 60 年代的电视剧《苏西·王的世界》（*The World of Suzy Wong*），剧中介绍了一位英国艺术家移居中国香港后发生的浪漫故事。为筹备设计作品，他又看了一遍此剧，希望追寻明星关南希（女主角）有些与众不同的地方。

法式优雅仍然是 Andrew Gn 品牌的主打风格，包括品牌标志性的款式如皇家蓝外套、白色绉纱连衣裙等，带有 3D 贴花的凸纹花边连衣裙也是该品牌的经典风格。此外，设计师把日本明治时期花瓶上的菊花图案运用于一系列连衣裙，最引人注目的是一款用手工编织流苏装饰的黄绿色中长裙。秀场最吸引人的莫过于右上图款式中中式元素的运用，高企的旗袍领、硕大的盘扣，以及明显的旗袍廓形。设计师说，"旗袍是中国人创造的最性感的衣服。"这款设计上装合体，裙身紧窄，带有旗袍的影子，微翘的裙摆透出优雅气质。设计师巧妙地将旗袍领、盘扣这些中式元素与低领深设计相融合，既矜持又不失性感。在色彩设计上，设计师独具匠心地运用了带有异域风情的宝蓝、胡萝卜红、翠绿，这三组色彩对比明显，但在滚边和豹纹的黑色调和下达到和谐。

2020 年注定是不寻常的一年，对每位设计师都是考验。在疫情蔓延的禁闭期间，邓昌涛重新评估了自己的目标和工作，他说："美是人生中如此重要的东西，如果看不到美丽，你就没有未来。"所以他将 2021 年春季系列命名为"愿光明"，他希望表达出乐观的心态，以服装为载体为大家的未来带来快乐和希望。在整场作品中，可以发现快乐意味着蓝天和纯白色调、跳跃的花朵、丰富的材质肌理、由流苏和立体水溶蕾丝所带来的欢快的波西米亚形象等。邓昌涛在系列中还突显了 20 世纪 70 年代风格，诸多细长廓形、阔腿高腰裤和热裤都体现了这一点，此外在中长裙和裤装上的鸢尾属植物纹样也属于那个时代，取自他母亲穿着过的和服灵感。右下图这款白色连衣短裙颜色纯净，造型优雅，高腰线的设计所形成的上下比例营造出古典美感。材质和装饰工艺是本款的设计特色，袖子和裙摆处的贴花装饰、胸前的蕾丝拼接和花边的使用丰富了设计内涵，也突出了淡淡的民族风格。

安·德默勒梅斯特｜Ann Demeulemeester

时装品牌档案

2017 年秋冬，来自法国的艺术总监赛巴斯蒂安（Sébastien Meunier）将安·德默勒梅斯特（Ann Demeulemeester）女孩塑造得格外忧郁。整场系列混合了 19 世纪牧师装和疯子装元素，或许是设计师来自法国的关系，设计中偶现柔美的花草图案，这一以往在该品牌中非常罕见的设计细节给整场作品增添了亮点。左下图这款服装秉承品牌一贯的设计特点：哥特风格、细长随意的廓形（该品牌基本不强调合体）、暗黑色系、多种材质组合碰撞形成对比和反差效果（如纱和皮革），同时也融入了法国式的优雅。颈部和前胸采用烂花丝织物，花卉的运用构成了整款设计的视觉焦点，独特的拼接线条完全无视人体结构，通过不同材质和工艺手法（打褶处理）形成完全不同的透视效果。斜向的下摆打破了整款的平衡感，同时与倾斜的头饰形成微妙的平衡。长至脚踝的皮质长裙款式简洁，线条松软自由，这是该品牌的一大特色。硕大又不对称的黑色纱质头饰披至肩部，透出浓郁的宗教氛围。

2019 年春夏，赛巴斯蒂安的灵感来源于 20 世纪早期巴黎一位溺水于塞纳河的匿名美丽女孩，她的笑容被誉为现代版的蒙娜丽莎。整个系列风格略带忧伤，以黑白为主色调，设计沿袭品牌一贯的暗黑哥特风格。细节上突出解构、多层次、飘带等元素，以黑白布质花朵点缀。此外，此次模特皆着面纱遮脸，渲染了时装的故事性。右下图这款套装带有 20 世纪 90 年代特征：宽大廓形、自然线条、透视、中性，设计采用黑白无彩色系，以白为主。廓形超大的宽松落肩衬衫长至臀部，腰间系带使下摆呈不规则伞状结构和松散的随意状态，不对称结构加强了左侧的表现力度，而右边侧开的下装结构与此形成了视觉的平衡。透视纱质吊带露肩装与层次繁复的衬衫形成材质上的对比关系，这种带有戏剧性冲突感的设计往往是设计师品牌擅长的表现手法。长至脚踝的白色薄纱裙结构随心，飘逸灵动，内衬黑色裤装，预示少女内心深处的复杂思绪。

巴黎世家 | Balenciaga

时装品牌档案

　　2015 年，时任设计总监美籍华裔设计师王大仁深知巴黎世家（Balenciaga）在 20 世纪 50 年代所创作的那些著名款式，尤其在廓形方面。因此在 2015 年秋冬设计中，他首先从品牌档案里寻找廓形灵感，包括茧形大衣、带立领的圆形夹克衫和泡泡裙。整场设计处处弥漫着 20 世纪 50 年代的优雅风情，毋庸置疑这是巴黎世家的时装遗产，但王大仁在整场系列中也为其赋予了新的创意，如裙子的接缝处镶有金属钉、用来系领子的黑色皮带等，这应该是王大仁自己品牌 Alexander Wang 的影子。左下图这款大衣设计简洁，注重廓形，后领高耸，袖中外凸，下摆收紧，以分明的棱角构建了典型的巴黎世家茧式造型和品牌精髓。在细节上，领形呈锯齿形，外加袖身缝合处的金属钉的运用，更显整款设计在廓形上的硬朗感。三颗不同风格的纽扣设计也独具特色，由设计师姓名的大写字母 C 和 B 组成的银色装饰扣，以及超大黑色纽扣都属点睛之笔，为整款设计平添新意。

　　右下图为巴黎世家 2020 年秋冬作品，这件设计作品的肩部外凸上翘，收腰，袖型和下摆外敞，整体呈 X 形，线条曲折有序，充满对比效果，体现出强悍威严之气。系结领口、加长袖身和裙子使身体几乎没有外露部分，体现了肃穆和神秘感。印花材质和褶裥的处理提示观者这是时装，只不过带了宗教元素。

巴尔曼 | Balmain

巴尔曼（Balmain）2020 年秋季设计缘由来自设计总监奥利弗（Olivier Rousteing）的身世，他调查了自己的过去，发现他的亲生父母分别是索马里人和埃塞俄比亚人：他一直以为自己是混血儿，而不是百分之百的非洲人，这引发了设计师对身份认同和被收养的思考。设计中还融入了诸多非洲部落服饰元素，如撒哈拉式服装和头饰、简单的几何图形、草裙结构等。整个系列围绕他在 20 世纪 90 年代末和 21 世纪初孩提时代，听到的美国艺人布兰妮·斯皮尔斯、克里斯蒂娜·阿奎莱拉时的经历而展开，如一条腿的裤子和连身裤（与 20 世纪 90 年代中期的男式街头风格相呼应）、一件淡黄色的连身裤。右上图这款设计即是对这些艺人的致敬。款式属于披肩结构，造型宽大飘逸。敞露的胸前结构和长及腿根的分衩式裙身造型性感迷人，肩胸和腰臀处银链装饰似瀑布飞泻而下，艳丽的杏红色与银色形成高纯度与金属色的对比，耀眼夺目。

作为一个被白人养父母在法国波尔多收养的黑人孩子，奥利弗说："我从小就被遗产、种族、归属感和适应感等问题困扰。"如今他实现了童年的梦想，有了融入和归属感。在 2020 秋冬系列设计中，奥利弗表达了他对法国时尚传统的热爱，包括左岸情调、乡村休闲的时尚优雅风情，以及带异域情调的撒哈拉部落服饰。在设计上，他延续了上一季的设计手法，衬衫、外套和大衣具有高耸且宽阔的肩部造型，体现威严和力量。也有轻巧的设计，包括超大的吸烟装，它的丝绸领口向下延伸到悬垂的围巾上，剪裁考究的套头衫夹克口袋上有袋鼠图案。两款用棕色和土黄色聚氯乙烯制成的紧身装，款式简洁，给人以英武之气。图案方面，马匹和链子印花图案的薄丝绸显得格外引人注目，这种印花也出现在宽松的马海毛超短裙上，并用水晶和珠子刺绣。右图这款设计体现出典型的法国式的优雅和时髦。收腰结构上装配上宽大的翻领结构，超大灯笼造型袖身飘逸自然，袖肩呈泡泡状。裙身较短，臀部收省合体，裙摆抽褶形成不规则的蓬松效果。整体上，直线、弧线、曲线等多种线条交织在一起，丰富而有趣。

芭芭拉·裴｜Barbara Bui

时装品牌档案

2013 年，随着装饰艺术（Art Deco）风格渐渐式微，时装界弥漫起一股 20 世纪 90 年代风潮，表现为透视、运动、中性和自然感，此外民族风也成为时尚的一部分，丰富多彩的世界各地民族民俗文化成为设计师的灵感源泉。芭芭拉·裴（Barbara Bui）2013 年春夏作品主题即南美民族服饰，整个系列借鉴了印第安式披肩、格纹图案、前襟结构等，这些细节均融入品牌标志性的中性风格套装、摇滚机车夹克，以及裙装、衬衫中。芭芭拉·裴将 20 世纪 90 年代元素融入设计中，其中欧根纱最让她着迷，她在西装和衬衫上大量采用欧根纱与其它面料拼接，组成上下透叠效果，在视觉上构成各类几何图形。左图的这款上装设计巧妙地将 20 世纪 90 年代的透视风格和装饰艺术融为一体，以欧根纱与其它面料拼接，从而在视觉上形成透视感；拼缝边缘处以米白色面料包边，使内外衣片构成造型各异的有趣图形组合，而这正是源于 2008 年前后至 2015 年前后

的装饰艺术风格的表现形式。下搭黑色紧身弹力皮裤，都市干练女性形象显露无疑。

2019 年，芭芭拉·裴的时装延续了之前的民族风格，同时更加飘逸和浪漫。在芭芭拉·裴春夏设计中，集聚了不同地区的文化元素，如巴斯克风格的腰带、凶猛的亚洲虎、丛林花草、波西米亚式裙装等。在廓形上，芭芭拉·裴称之为"气球衬裙"，采用了多彩、轻盈的丝绸面料构建出飘逸而超大的体积。右页这款设计呈伞状结构，印花连衣短裙自由飘逸，散发出浓浓的民族风尚；而外搭拼接夹克，质朴的军绿色与褐色相间，正是品牌所倡导的中性和英武之气；橄榄绿宽腰带更是强化了这种感觉。民族风格与军装风格属于两种不同的设计方向，芭芭拉·裴能将两者有机结合正是依赖两点：一是内外装的色彩呼应，绿色是重点；二是拼接这一民间服饰普遍运用的表现手法。

赛琳 | Céline

2013 年，时任设计总监菲比（Phoebe Philo）手中的赛琳（Céline）女郎偏向居家，有些慵懒又充满艺术感。2013 年秋冬，菲比引入了朴素精炼、直击人心的优雅风，这是将赛琳女郎新老元素的一种完美融合。这一点在面料选择中表现得淋漓尽致，其面料触感一流、素净雅致，且温馨惬意。本次系列中也融入了中世纪的元素：柔和而丰满的线条、大衣的夸张廓形等。右图的这款蓝灰色的大衣柔软又充满质感，造型独特，呈略夸张的茧形。肩部是一字的造型，简洁中带些硬朗风格。大衣下摆开衩，形成优雅的弧线。菲比的设计总是蕴含着一丝男子气概，如右上图的这款作品，她结合当季流行元素，将袖子设计成折叠式样，形成一个硕大的视觉点，似随意披搭的一件外套，将模特紧紧地包裹着，这是一种裹身感与舒适度的交融。

艾迪·斯理曼（Hedi Slimane）对 20 世纪 70 年代巴黎市民的着装规范的热情一直持续到 2020 年秋季，这是他作为赛琳设计总监的第二季作品。艾迪·斯理曼出生于 1968 年，他通过一个儿童敏锐的目光看到 20 世纪 70 年代的风格，而这个年轻人的年龄正好是这个季节在他 T 台上游荡的男孩和女孩的年龄。这季作品是他设想当时他妈妈在巴黎长大时穿什么衣服而设计的。20 世纪 60 年代末中性款就是答案，包括褶皱及膝丝绸连衣裙、裙裤、斗篷和厚底鞋。整场作品那些穿着时髦的摇滚明星外套、西装、黑色牛仔裤和黑色皮革的超瘦男孩们穿的衣服也同样适用于女孩们。当季的明星单品有裤子外面镶金的束腰外衣、绣有金银叶的天鹅绒长裙，以及简约修身的晚礼服。右下图这款作品体现了艾迪·斯理曼设计理念：造型细长、审美中性。飘带式女式衬衫造型宽松，肩部装饰荷叶边，并打褶隆起，灯笼袖结构。下装搭配紧身长裤，与上装形成张弛有度的对比效果。无色彩的黑白两色运用体现了设计的中性感。

时装品牌档案

卡拉扬｜Chalayan

　　候塞因·卡拉扬（Hussein Chalayan）的设计理念与众不同，其设计理念常涉及建筑和哲学、人类学的知识，因此卡拉扬既是艺术家，又是社会学家。卡拉扬 2018 年春夏的主题是"在数字世界中迷失的个人"，关注的是现代网络科技对人和时装的影响。与其他设计师不同，卡拉扬往往在时装设计中进行一种精神层面的纯粹的探索，这是他的一贯做派。整场系列以黑白为主，红色和黄色作点缀，以解构手法诠释作品，这也造就了卡拉扬式的设计风格：解构或结构，令人难以琢磨。左下图这款烟灰套装设计即如此，吊带式合体露肩上装结构明了，下装则融入裙裤特点。侧腰臀间嵌入布料，形成锥体形裤装造型，同时在裤脚口收紧，整款设计采用立裁手法塑造而成。黑色面纱和墨镜似乎在警示人们在当下现代网络时代存在迷失的可能。

　　卡拉扬 2020 年秋冬发布会注定是一场独特的时装秀，设计总监卡拉扬在走秀期间演唱了四首歌，题为《切割》《冷漠》《撕裂泄漏》和《它就是这样》，歌词包括"手臂伸直 / 不皱眉 / 不微笑 / 不抬头 / 呼吸"，这是每个伦敦人每天通勤时内心独白的完美概括。舞台背景显示了卡拉扬从家到工作场所的日常路线。整场系列视角也是一个全新的角度，非常诗意地研究和表达身体周围的空间。右下图这款设计犹如软雕塑，线条富有诗意。上装以黑色厚实的布料缠绕人体，形成体积感，同时映衬出人体的纯洁。下装露脐低腰长裤，廓形慵懒。图案方面，设计师的灵感来自澳洲土著文化，单色提花融合了澳洲土著人的点绘画风格和谷歌地图路线，具有原始和粗犷感，也呼应了设计师演唱的关于伦敦生活和工作的主题。

香奈儿｜Chanel

时装品牌档案

　　艺术在当今社会的曝光度极高，每家品牌都在寻找与艺术的关联，2014年春夏秀场上时任香奈儿（Chanel）设计总监被称为"老佛爷"的卡尔·拉格菲尔德（Karl Lagerfeld）当然也不会错过这一波风尚。在这季秀场上，他展示了在巴塞尔博览会上展出的带有香奈儿特色的艺术品，巴黎大皇宫（Grand Palais）摇身一变成为了一个飞机库，白色的墙面上装饰了风格各异的油画，T台的四周也放置了许多雕塑，现场展出的75件艺术品全部都是老佛爷的杰作，带有明显的香奈儿元素，如著名的山茶花装饰、珍珠制成的蜘蛛网一般的壁画和一个香奈儿5号香水造型

机器人。在这种艺术氛围中，这一季的发布会比以往更出众，卡尔在不断的解构和重组中使香奈儿华丽地转变，出自他手的粗花呢已经不再是服装面料这么简单，而是充满香奈儿气息的艺术瑰宝。左图这款经典的香奈儿粗花呢套装采用了解构、错视、拼贴、组合等艺术手法，精致中多了几分灵动。配饰是最出彩的设计点，无论是领口的山茶花同料布饰，手腕上的紫红、藏青色相间手镯，腰间的紫红、藏青色腰带，还是紫红色的手抓包，都精美绝伦，相得益彰。紫红、藏青两色作为配色的基本元素多次出现，搭配出隆重感。格纹粗花呢依然细致而规整，变化的是面料上的流苏，随行而动，充满浪漫的情趣。

　　香奈儿孩提时代的生活充满坎坷，母亲去世时她只有11岁，随后被送到法国偏远的科雷泽地区的奥巴赞修道院。在这里，她穿着朴素的黑白制服学会了缝纫，并造就出独立顽强的个性。同时，修道院的美学永远伴随着

香奈儿，成为其品牌永不褪色的标记。设计总监维吉妮·维娅（Virginie Viard）为香奈儿这段故事所吸引，并实地拜访修道院，在 2020 年春夏香奈儿高级时装发布会中以修道院制服和修女服饰作为灵感设计整场作品，她以高级时装方式展示她的设计理念，整个系列注重轻盈和舒适，这也是香奈儿所追求的。上图的这款设计造型自然，呈 H 形，双排扣外套采用香奈儿标志性的粗花呢，黑白横向纹路交错。白色披肩领，边缘以荷叶边装饰，搭配的短裙外罩加长薄纱，既时尚，又不乏内敛意蕴。

蔻依 | Chloé

时装品牌档案

蔻依（Chloé）一直是某些类型的女孩填满自己衣柜的必选：精致又不失力量，具体表现在其法式精巧中融入了些许英国风和男孩子气。不过，蔻依 2014 年春夏的重点是偏向法国味，而且是在特定的法式风格中更突出的女性特征。"一个比原来更加性感的女孩"是品牌创意总监克莱尔·怀特·凯勒（Clare Waight Keller）对这季设计灵感的描述，她希望柔化她的"假小子"式的硬朗感觉，同时又不完全丢掉它。右上图这款飘逸的设计，以亚光乔其纱为主面料，长款上装露肩露背、深 V 领，视觉呈流行的垂坠感，同时透出巴黎时尚女郎不经意的浪漫和性感。裤子面料的特殊处理是设计中的另一特色，特别的肌理处理塑造出小方块的凹凸感，与上装飘柔悬垂的质地形成对比。收紧、及踝的小裤脚口使整款设计显得精干而充满活力。色彩方面，低饱和度的青苔色和米灰色中性而优雅。长形项链的吊缀在中心形成一个焦点，显出信手拈来的时尚感。

蔻依向来是充满柔美、飘逸、浪漫的代名词。2020 年秋冬季，时任设计总监娜塔莎（Natacha Ramsay-Levi）将蔻依少女变成了职业女孩，其作品仍然保持着品牌原有的特质，如线条柔和的衬衫、腰身合体裙摆摇曳的连衣裙、轻盈材质、粉调色彩等，同时也注入了设计师个人的思考，使蔻依女郎走向职场，西装结构、男式衬衫款式、裤装占有较大部分，令品牌显得焕然一新。20 世纪 70 年代风格成为表现重点，如细长廓形、卷袖夹克、格纹面料、宽松的喇叭裤等。珠宝是另一个蔻依必需品。细节也是本季亮点，如有的上衣装饰了精致的宝石纽扣和袖扣、有的领口处用珐琅刺绣装饰，夹克翻领和套头衫上有成串的小别针。右下图中这款长裙线条自然，上身合体，下半身自臀部逐渐张开，超长的绕颈飘带，典型的女性化结构，这也是蔻依品牌的精髓所在。同时，作品融入了工装特点：大翻领、前开襟、胸前双袋盖，外加格纹面料的选用，使设计在女性化基础上不乏男性的硬朗感。

克里斯汀 · 拉克鲁瓦｜Christian Lacroix

时装品牌档案

克里斯汀 · 拉克鲁瓦（Christian Lacroix）的设计向来以奢华精致的宫廷风格闻名。在 2007 年秋冬系列中，拉克鲁瓦将灵感触角伸至哥特风，这是该设计师不太涉足的风格领域。整场系列黑色贯穿始终，宫廷与街头哥特风巧妙结合，款式设计年轻干练，同时不乏精心设计的装饰细节（镶钻和钉珠）、华贵面料、精美头饰、复古纹样等这些带有宫廷文化的痕迹。左下图这款连衣裙在廓形上带有 S 形特征，尤其臀部略带夸张。由于采用短装结构，所以显得年轻活泼。此款设计的重点在面料的装饰上，金色闪光缎料以繁复立体花卉刺绣，加上领口、袖身和袖口同色调的薄纱运用，突显出浓浓的贵族气息。在领部，较厚重的缎料与轻盈的薄纱相融合，胸前点缀的淡紫花朵与整体金色的面料在色彩上形成强烈对比，黑色紧身裤则强调了整款的哥特风倾向。

2009 年秋冬拉克鲁瓦破产前的最后一季作品，较之以往的设计，没有奢华的装饰、夸张的廓形和繁复的图案等，而更加注重成衣感和可穿性，如 V 形轮廓的小泡泡皮衣、爱德华时代的羊腿袖开衫、海军蓝雪纺和 20 世纪 70 年代的长裤，以及肩上有蝴蝶结的迷你克里尼派对礼服等。右下图这款齐膝连衣裙套装设计线条简洁流畅，构思重点包括褶裥的运用、色彩的对比、材质的多样性等。作品体现了一定的宫廷服装的风格，如收腰结构与郁金香型裙身形成造型反差、雍容华贵的毛领，法式高雅气质展露无遗。此外拉克鲁瓦还将其擅长的戏剧性手法运用到极致，如本款硕大的毛茸茸的宽肩毛领与坚硬的金属挂件形成对比。色彩方面，拉克鲁瓦以带光泽的金属色主打，配以灰色和黑色，主次分明。

川久保玲 ｜ Comme des Garçons

时装品牌档案

　　如果你指望在川久保玲的作品中找寻时装流行的痕迹，多半会失望，因为她的作品展示的是一种后时尚的感觉，一种实验。对川久保玲而言，人体只是承载服装的一种形式，可以忽略，表现主体是服装本身，通过尽可能的想象来拓展服装的空间。川久保玲 2017 年秋冬系列虽然只有 18 款，但每一款都极具视觉冲击力，如第一款裹着一个巨大的无臂造型，白色的填充物做成球状的雕塑曲线，之后的服装几乎都延续这一构思并逐渐展开。从系列中可以看出川久保玲对时装可持续的倡导，有的作品似乎是由回收的织物废料制成，另外一块类似于黑色时装蕾丝的材质，是用微小的喷射珠重新编织而成的。设计师似乎在对快速时尚对地球造成的损害进行控诉，这正是时装界一直在探讨的课题。右上图这款设计以气泡为构思主线，衣身造型和头饰形式统一。服装由合成银色绝缘材料制成，圆浑自由组合的造型将人体完全包裹。模特只露出半张脸，人体在这款造型中显得很渺小。就设计而言，作品运用拼接手法构建出形状各异的细节和起伏，平面和立体结合，营造出独特的视觉节奏感。川久保玲着眼于时装的未来思考，无论款式、造型，还是银色材质的使用都体现了这点。

　　川久保玲的设计向来另类且无主题，不能被解释为属于联想、故事、历史、政治或讽刺等任何一种文化或潜意识的表现。川久保玲自称是未来主义者，在 2020 年秋冬系列中，继续了她的未来时装实验，球状泡泡元素构成设计的主体并与高耸的蕾丝头饰、巨大的袖子、翅膀一样的面纱、不同的体块相组合。与以往不同的是，此系列色彩丰富，除了常规的黑色，各类纯度高的红色、绿色、黄色、蓝色均有表现。这款设计造型呈梯形，以黑色为主调，并用白色在袖、领等处点缀。川久保玲擅长将一个元素放大处理，右下图这款设计中巨型褶裥的袖子成为设计的重点。此外，不同质感的材质，如透明轻盈、金属感闪光、硬朗、毛糙等质地的混搭构成独特韵味。在该系列中多次出现超长面纱的运用，有白色也有黑色，似乎暗示着关于婚礼和葬礼，这或许是川久保玲对未来生活的理解，这款头饰运用也是如此。

迪奥｜Dior

时装品牌档案

2006 年，时任艺术总监约翰·加里亚诺（John Galliano）为 2007 年春夏迪奥（Dior）高级女装所做的设计是东西方文化的完美交融。日式风情的和服、宽腰带与艺伎妆容经过加里亚诺的神奇构思，将普契尼笔下的歌剧《蝴蝶夫人》以时装的精巧形式重新演绎，既有宛如艺伎的万种风情，也有伊丽莎白时代的高雅贵气，使人们再度领略了设计师的超凡天赋——以时装秀为叙事诗，唤醒柔美与敏感的情绪。其实这已经不是加里亚诺第一次做这种尝试，他非常善于将时尚混融入历史感浓重的传统风格里。如右上图，设计师巧妙地将传统的东洋折纸艺术运用在礼服裙摆，围裹的大型裙摆蓬松而不杂乱，弧线优美地摇曳律动，展现出精湛的制版与剪裁技术；在颜色上，运用纯粹而浓艳的大红色、翠绿色、明黄色等高饱和色系，营造出强烈的具东方风情的视觉艺术效果；在图案上，东方传统风格鲜明的纤细青竹，织锦和服的精致刺绣，华丽大气地展示在如雕刻般精准的晚礼服上。同时，极富戏剧效果的艺伎造型：松树曲枝和日式礼盒缎带的发型、以及雪白脸肌、艳红樱唇，让整体造型宛如一场缤纷奢华的新版"蝴蝶夫人"。对照加里亚诺 20 世纪 80 年代的狂野浪漫，90 年代的黯黑日式风格，虽然撷取的灵感一再重复，但加里亚诺依然能够玩出令人赏心悦目的崭新风貌。

克里斯汀·迪奥（Christian Dior）先生曾把女人视为花朵，但迪奥品牌首位女性设计总监玛莉亚·嘉西亚·基乌里（Maria Grazia Chiuri）在品牌中注入了强烈的男女平等、女性独立的女权思想，这是她的政治意识，在 2020 年迪奥春夏高定设计中，她再次重申了这一观点。高级定制如何与女权主义思想相结合？基乌里认为这取决于时尚与穿着者之间的关系，当你的身体真正需要时装，你用你的身体来定义它，而它会显示你的思想。此次缪斯是古希腊、古罗马时期的佩普洛斯（peplos，一种女式长外套），所以秀场模特似乎成了身披战袍的勇士，此外罗马凉鞋、镀金、披挂式结构、华丽的手工技艺等古罗马元素成为重点。右下图的这款礼服设计以单一的镀金流苏作为材质，运用精湛的手工技艺缝制而成。流苏组成的两片宽大衣片斜向交叉围裹胸部，袖身呈披肩效果，三层分布，与裙身结构相呼应。就审美而言，作品整体疏密有致，既整体又突出重点。基乌里完全颠覆了迪奥品牌甜美秀丽的传统形象，女性的硬朗一览无余。

德赖斯 · 范 · 诺顿｜Dries Van Noten

时装品牌档案

有谁能想到，将时装上始于 20 世纪 80 年代的极简主义与其相对应的极奢主义两种风格糅合在一起是什么效果，这在 2020 年德赖斯 · 范 · 诺顿（Dries Van Noten）春夏系列中有着惊人展现。已淡出江湖十余年的法国奢华风格代表、传奇设计师克里斯汀 · 拉克鲁瓦（Christian Lacroix）重操旧业与德赖斯 · 范 · 诺顿合作，一种现代随意的感觉吸引了德赖斯 · 范 · 诺顿的忠实粉丝，包括绚烂的色彩、斑马纹、带花边的弗拉门戈裙子、泡泡袖、波尔卡圆点、紫红色锦缎和塔夫绸等，甚至更大的廓形、更具戏剧性和宫廷奢华感的细节，完全打破了时装界对德赖斯 · 范 · 诺顿品牌的认知，这些变化都源于拉克鲁瓦。德赖斯 · 范 · 诺顿品牌向来以中性风格和印花设计闻名，而拉克鲁瓦善于运用宫廷元素中的装饰和夸张结构等，右上图这款斗牛士式的齐腰套装，在设计上兼容了两位设计师的奇妙构思。男式衬衫和西装搭配短裤，体现品牌原有特质，而华丽的织锦缎、左侧多层似巴洛克式结构的裙缀、飘逸的缎带、腰间缀钻装饰等细节则呈现出全新的品牌形象，在干练的外表下多了一丝高贵感。

2020 年秋冬，德赖斯 · 范 · 诺顿还沉浸在与拉克鲁瓦愉快合作的兴奋中，所以此季设计中，20 世纪七八十年代后期那些穿着讲究的时尚人物成为他的设计灵感。他们将混合的酸绿和紫红色丛林印花运用到流畅的睡衣造型上，并且混搭加入了 20 世纪 90 年代粗犷的格纹和系臀衬衫。右下图这款设计呈 T 型，超短外套宽肩略带弧线，半连帽结构产生高耸效果，这属于 20 世纪 80 年代风格特征。内搭印花衬衫，略长，与外套形成内衣外穿的 20 世纪 90 年代穿着效果，两种风格在德赖斯 · 范 · 诺顿品牌中被巧妙地融为一体。紧身皮裤给人以 20 世纪 70 年代的感觉，而侧边镶白条，带出运动风貌（同样是 20 世纪 90 年代元素）。在色彩上，暗蓝色调与浅绿、浅黄形成反差，黑色和银色起到调和作用。图案同样运用了繁简对比，这正是品牌基因所在。

艾莉·萨博｜Elie Saab

时装品牌档案

这是在一个黑暗的场所展示的以黑色为主的系列，艾莉·萨博（Elie Saab）2018 年秋冬系列主打势头正盛的 20 世纪 90 年代垃圾摇滚（Grunge）文化，并在其中融入重金属和朋克元素，强调混搭和中性风，在艾莉·萨博的作品中表现为黑色皮夹克、用染色毛皮花装饰的丝绸裙子、针织大披肩、金色网眼连衣裙、黑色天鹅绒连衣裙、黑色亮片燕尾服夹克、饰有水晶蝴蝶结和花饰等的多款式组合，其中，经典礼服最为亮丽，透明薄纱和蕾丝的大量使用与其它面料组合成不同的视觉效果，如与肌肤衬托出不同的图形感、飘逸感、透视感等。由古驰（Gucci）和芬迪（Fendi）引发的花押字狂热也在其连衣裙和衬衫上有所体现，他将自己的三分 S 标志打造成了自己的花押字印染。右上图这款套装属于典型的拉圾摇滚（Grunge）风格设计，皮质牛仔式短上装，以诸多珍珠装点并组成不同的图形，内搭蕾丝罩衫，下着三层蛋糕状薄纱长裙，上缀亮片。就款式的属性而言，上下装分属不同风格，装饰效果也不同，但设计师基于垃圾摇滚风格理念，并运用同一色调，使设计归于视觉统一。

艾莉·萨博 2020 年秋冬系列延续了前一季首次亮相的西班牙安达卢西亚主题，是对该主题的继续探索。安达卢西亚一带的服装色彩艳丽，有明显的吉卜赛和阿拉伯风格的影响，其中安达卢西亚长裙最具代表性，这种连衣裙裙摆长抵脚面，色彩绚烂，图案多为圆点，裙摆层次多，底部镶荷叶边，多出现在节庆和舞蹈表演的场合，与弗拉门戈舞裙类似，但有一些细节上的变化。艾莉·萨博明显受此影响，荷叶边、蕾丝、透明纱、泡泡袖、蝴蝶结、拖地结构以及长帐篷形在整场设计中非常显眼，甚至还借鉴了斗牛士服饰元素，包括紧身短夹克、蕾丝和纱质拼接大披肩等。具体款式上体现出艾莉·萨博擅长的性感、飘逸、灵动等特点，如开衩高至大腿根部的黑色天鹅绒连衣裙、白色蕾丝低胸连衣长裙、黑纱露胸裤套装等。艾莉·萨博早期由定制礼服起家，右下图这款曳地礼服设计充分体现了他的高超技艺。上身以细密的褶裥为主，横向和斜向拼接排列，与下身纵向逐渐散开的宽褶形成对比。在细节上，肩部巧妙拼接的大披肩造型和长至腹股沟的大开衩，都是设计的亮点。这款礼服色彩独特，流行的翡翠绿在整个以黑白灰为主的系列中显得格外醒目。

纪梵希 | Givenchy

纪梵希（Givenchy）2019年春夏季设计灵感来源于一位生活在一个世纪前的瑞士作家、摄影师和旅行家，她一生中的大部分时间都在扮演男人的角色，是一个中性的美人。因此 T 台上的女装混合了诸多传统意义上的男装元素，如燕尾服夹克、短西装搭配军裤、塞在军裤里的皮夹克、工装等品类，以及军用宽腰带、卡其色等设计元素，晚装作品也相应采用了不对称或运动感剪裁的结构，但仍保留了 20 世纪 30 年代的优雅线条，时任创意总监英国人克莱尔·怀特·凯勒（Claire Waight Keller）塑造出了无畏女性的形象，以此冲撞男女服饰的着装规范。右上图这款连衣裙长及脚踝，呈 X 形，视觉效果优雅且不乏力量感。设计师充分展示了面料特性，以细密压褶作为整款的主要元素，胸前中心嵌入横向褶料，突显视觉力度和效果。线条元素也在这款设计中占据重要地位，外轮廓、领形、腰线、下摆均呈弧形，而压褶则呈直线效果，两种线条形态互为衬托和补充，使设计充满对比。

纪梵希 2020 年春夏高定系列设计充满了诗意，体现在克莱尔所设计的夏日花园色彩、曲线状立体花瓣连衣裙、繁花似锦的装饰效果等，这一切来自于设计师在西辛赫斯特城堡花园造访，她说"这是英国最浪漫的地方之一"。事实上，纪梵希本人也酷爱花园，尤其是他为赫本设计的年代。因此凯勒深入研究品牌档案，纪梵希所设计制作的原始花边礼服照片被钉在凯勒的灵感板上，这些元素使本季作品处处流露着浪漫气息。同时，她也赋予女性更多的硬朗感。硬朗感是当季的流行主题，如硬挺的 20 世纪 80 年代风格肩线、腰间硕大而超宽的皮带运用、男西装嫁接了大摆长裙等。右下图这款裙装设计以卷曲的线条为元素，由肩部两侧逐渐蔓延至下半身，同时花瓣似的线条也更趋密集和立体，从中可感受到设计师在节奏感把握上的用心良苦。作品一改传统思维，通过忧郁的蓝色调展现花瓣，同时在材质上抛弃了富有浪漫感的轻盈的丝绸、雪纺等，而采用极具建筑感的挺阔质料，完美诠释了强势女性的服饰形象。

姬龙雪 | Guy Laroche

时装品牌档案

　　姬龙雪（Guy Laroche）2018 年春夏季，是理查德·芮内（Richard René）走马上任后的首秀，他坦承自己是极简主义的拥护者。在秋冬季设计中，灵感来自一张 A4 大小的白纸，他说"我想探索平面艺术，尤其是艺术原创性，所以我从最简约的东西入手。"最简单的造型和线条成为整场设计的初衷，极简主义也是本季流行的主题之一。芮内在廓形、款式结构，以及图案纹样上，尝试用最为简单的形式进行构思，摒弃多余的造型、结构、装饰和细节，而保留的是无法再舍弃但一定是值得细品的元素，如秀场第一款就是左下图的白色茧型超长连衣裙。这款连衣裙造型上紧下松，柔和的廓形线条透出女性的柔美。整款设计以简单的结构突显设计感，胸前微敞，构成视觉中心。腰线位置恰到好处，将上下装比例呈现对比美感。设计师在腰侧设置了一个大褶裥结构，使裙摆自由奔放，平添了几分女性味，而整款白色则更加强了这一效果。

　　姬龙雪 2019 年春夏系列主题是"阴影与光"，芮内以反映 20 世纪 80 年代巴黎俱乐部文化的迷你连续剧和格雷斯·琼斯（牙买加女演员、模特、歌手，因外形过于独特和强悍而闻名）传记片的服装为灵感，并结合了清晨特定时刻、俱乐部结束前的光怪陆离影像，他使用包括诸如"白色、黑色、基础形状和最小几何体"等关键词来诠释。因此，在色彩上，整场作品黑白占据了主导地位，并以大面积几何形进行材质拼接，这成为芮内本季设计的亮点。此外，他还通过运用透视、裸露、面料阴影和光线效果等手法，塑造出性感的女性形象。右下图这款套装的上装打破传统，呈不对称结构，左侧似斗篷，前衣片连袖，而右侧则是正常的装袖结构。宽肩的设计突出了 20 世纪 80 年代硬朗的男性化风格特点，敞开的前胸是宽条纹内衣，视觉醒目，充满魅惑，设计师将男女审美特性完美融合。此外，轻盈柔和的薄纱与厚实光感的皮革组合形成对比，带有街头审美特征。

海德·艾克曼｜Haider Ackermann

时装品牌档案

中性风格在 2019 年的时装舞台上成为许多品牌的主题，如马丁·马吉拉（Maison Margiela）、赛琳（Céline），海德·艾克曼（Haider Ackermann）也是如此。事实上，纵观海德·艾克曼的历年设计作品，中性向来是他品牌辨识度中最高的部分。海德·艾克曼 2019 年春夏季的设计慵懒但充满活力，优雅而不失中性感。艾克曼运用跨性别理念，让秀场上模特成双或三，但都穿着千篇一律的长裤，男装在背心下穿了一件雪纺长袍，女装的夹克扣上了扣子，系上了双带。男女模特都穿着方形棉衬衫，短袖上有复杂的激光切割运用，两件上衣的唯一区别就是领子。右上图这款设计在风格上带有东方风格，尤其是日本风格倾向，表现为上装结构和黑底白色的放射状几何图案。上装采用了平面式的袍服结构，直线裁剪使肩线下落，袖身呈现自然状态。胸腰间的堆积也是艾克曼的设计特点之一，使其设计更具有中性化倾向。领面的镶边突出了睡衣元素，这是当季流行细节。色彩上以黑色为主，白色为辅，通过色彩和印花图案在不同部位的运用使服装整体在视觉上达到平衡。紧身的裤装与宽松的上装互为衬托，富有节奏感。

中性和华丽这两个风格是一对矛盾关系，而将两者巧妙结合并完美呈现的品牌比较少见，艾克曼的 2020 年秋冬设计即是如此。这一系列主题"私人舞者"同样体现品牌一直提倡的中性概念，37 款男女装同台展示，许多款式都采用相同的单品结构，如外套、大衣、裤装，甚至在领形、肩线、拼色处理等款式细节上也大致相同。设计上加入了趣味性，这有别于以往设计，如一件白色 T 恤的正面写着"看着我"，衬衫印有大写引号，还包括"但我会保持原样，因为我一点也不在乎"和"如果你不爱我，我的爱，和你在一起"字样，仿佛是写给粉丝的情书。右下图这款设计体现了艾克曼精神，整体廓形紧凑合体，彰显中性风格和男子气的干练。上装是典型的西装结构，但艾克曼独具匠心地在腰间加入腰带，呈现出日本和服效果。此外，服装以黑白中性色为主调，镶拼黑色领部和黑色腰带作点缀。具有华丽感的几何状黑白图案，排列规整有序，中性和华丽兼容。

爱玛仕 | Hermès

在 2014 年春夏秀中，时任总监克里斯托弗·勒梅尔（Christophe Lemaire）将爱玛仕（Hermès）带进了春夏丛林，一如设计师所崇拜的法国画家亨利·卢梭（Henri Julien Félix Rousseau）的作品，设计图案复制了其作品中具有代表性的悬垂花卉植物制作的印花，搭配的长靴上面也有同系列的印花，这契合了本季的热带丛林主题。勒梅尔以往喜欢中性风格，但此次色彩变化构成了本次系列的主线：深紫色、蓝绿色、天蓝色、橘红色，热烈而浓重，勒梅尔曾说爱玛仕女性是旅行家和冒险家，即此意。右上图这款轻松愉快的设计就很适合旅行，造型自然，款式简洁，通过色彩渲染出旅行的气氛。结合男式衬衫结构和民族情调的橘黄色衬衫带有浓郁的勒梅尔设计风格，亚麻面料的中长围裙上大块色彩如水彩画般晕开，自然清新，隐约显出古朴之气。腰部的小皮饰制作精致无比，成为视觉中心。不强调腰线，不突出女性曲线，这正是爱玛仕的原味哲学。

世上时装品牌无数，有的如过眼云烟瞬间消失，有的却历久弥新，爱玛仕就属这类，它没有轰轰烈烈的传奇故事，但一步一步扎扎实实前进。爱玛仕注重工艺和技术，品牌主打的闪光链条、金马头和品牌包等只有细品才能感受内涵。服装产品也如此，像合体风衣只有仔细触摸才知是皮革材质，的确爱玛仕品牌文化并不是炫耀财富。正如设计总监娜杰·万赫·苏布林斯基（Nadège Vanhee-Cybulski）就 2020 年秋冬秀上所写："美的东西一定有用，这有点像包豪斯学派那样，把表面的东西剥离出来，达到实用的目的。"她的系列作品不仅仅只是以骑马为主题的设计，而是为那些拥有马厩和乡间别墅的人准备的，如马毯外套、马球衫连衣裙、马术毛衣和连身裤等。在设计上强调了可穿性，注重功能，所以本季作品色彩较单一，款式简洁实用，风格偏古典主义。右下图这款设计是整场系列屈指可数的多色组合款式之一。上装是男衬衫结构，配过膝中长百褶裙，设计极简而注重功能，将爱玛仕品牌精髓发挥得淋漓尽致。图案是设计重点，五彩几何纹样粗细不一，自由分散各处，似音乐符号欢快跳动，在白色衬托下更具韵律美。

埃尔维·莱格｜Hervé Léger

埃尔维·莱格（Hervé Léger）品牌向来无关乎实用性，性感是其核心理念，紧身造型的裙装主宰每季系列设计，2014年秋冬季的设计也不例外。当季主宰时装界流行潮流五六年之久的装饰艺术风格（Art Deco，即迪考风格）行将落幕，与之流行不甚紧密的埃尔维·莱格却有意抓住这一时尚，在本季作品中推出几何图形这一具有装饰艺术特质的时装。绑带元素是该品牌的主要表现形式，时任创意总监麦克斯（Max Azria）巧妙地通过材质拼接、色彩差异、添加装饰等手法，进行有序排列创作出较为醒目的几何图形。右上图这款连衣裙设计较特别，主要表现在绑带元素的运用上。黑色带子大体依据女性人体结构，在领、胸、腰、臀、膝盖这些部位呈疏密相间的横向分布，尤其是胸部，设计师有意勾勒出造型，并露出小片肌肤，成为整款的视觉焦点。纵向和斜向线条打破了横向线条的单一效果，同时在视觉上提升了腿部的细长效果。腰间绑带中运用金属扣件系接，丰富了材质的搭配。中长筒靴点出整款设计的帅气和中性感。

埃尔维·莱格品牌2016年秋冬系列主题是朋克，由于突出了轮廓的叛逆感，这对一直倡导性感并带有巴黎情调的品牌而言有不小的转变，无论是风格塑造，还是具体细节都是挑战。麦克斯别出心裁以一排排沙漏形状的安全别针、金属铆钉或气眼替代原来的条状结构，将朋克元素自然地融入一款款提花连衣裙中，突显了年轻和叛逆。除了裙装，麦克斯的外套设计也如此，一款超大飞行夹克的两侧设计了品牌标志性的包扎带，带上装饰了金属气眼，此外另一件以绑带构成的贝壳状赛车夹克具有同样的效果。右下图这款连衣裙体现了品牌精髓，结构紧身合体，完美勾勒出女性曲线。品牌标志性的条状结构依女性体形分布于胸两侧、腰间、臀和膝等部位，宽度由上至下逐渐加宽，增强了视觉变化。条带上装饰金属气眼，并在材质上与衣身形成强烈的反差，使整款风格顿显年轻和前卫效果。

三宅一生 | Issey Miyake

时装品牌档案

　　对于耳熟能详的皱褶布料（俗称一生褶），我们只知是创始人三宅一生的创造，事实上这是师泷泽直与三宅一生共同研发的，在三宅一生（Issey Miyake）2007 年春夏秀场上，师泷泽直再次演绎了皱褶布料的神奇造型。左下图这款服装以皱褶布料为素材，风格上延续了 2006 年秋冬对优雅和古典韵味的追求。服装的款式简洁洗练，没有过多装饰。师泷泽直在工艺上采用了日式服装擅长的平面直线裁剪，巧妙利用衣裙上的褶边使服装更为舒适伏贴。衣裙边缘的立体造型所产生的视觉效果与衣身褶皱相呼应，营造了一种未来感与浪漫风情兼具的独特美感。

　　一般而言，对于三宅一生品牌的印象只是停留在三宅所创造出的一生褶，褶裥代表一切。殊不知，三宅一生品牌早已脱胎换骨，与英国博柏利（Burberry）品牌类似，品牌避免过多的褶裥这一经典元素，而只在极少款式中运用，而且看似不刻意表现，这种现象在三宅一生品牌新任设计总监佐藤雄（Satoshi Kondo）所做的 2020 年春夏设计中初见端倪。在整场设计充满欢快、热烈、舒适且富有动感的气氛中，宽大自由的廓形、松软的披挂结构、轻盈飘逸的面料是秀场主旋律。此外，佐藤雄还引入非洲主题，表现为手工印染、袍服结构、明快亮丽的纯色等，同时设计师不忘品牌的招牌元素——一生褶，将这一元素融入具体设计中。右下图这款连衣裙设计即是例证，整体造型呈 H 形，没有过多的细节处理。非洲特色的浓郁配色是本款设计重点，棕红与宝蓝形成高纯度冷暖对比效果，同时也呈渐变关系，并将裙装分成三层结构，富有节奏感。此外，褶裥也是设计的要素之一，它统领了整款构思，并起协调作用。

艾里斯·范·赫本 | Iris Van Herpen

时装品牌档案

艾里斯·范·赫本（Iris van Herpen）称她的新系列为"线与线之间的新系列"。她以真实的形式、精心设计和制作，将那些与当今时尚中其他任何东西都无法比拟的设计带到了生活中。艾里斯·范·赫本2017年春夏高定系列有18件作品，其中有几件是通过注塑工艺将手工铸造的透明聚氨酯（PU）手绘应用于超透明的薄纱上，它们会在身体上映射出斑纹或其它图案，产生如同第二层皮肤的感觉。艾里斯·范·赫本一直在实验探索，本季她大量运用激光切割聚酯薄膜设计礼服，最后一件由透明、水滴状元素构成的"光之炼金术"连衣裙，造型自由奇特，螺旋式结构和镶嵌装饰运用使她的设计作品超越了时间概念。这季秀场不是所有作品都具有实验性，有几件黑色丝绸长袍在衣身上覆盖了黑色镶嵌线条，左图这件作品因注重实用性使其具有推广销售价值。这件连衣裙充分利用现代科技，采用现代注塑工艺和手工锻造技艺，塑造出高低起伏、自由随心的造型，已远远超出了传统服装裁剪和制作技术范畴。手绘的黑色线条呈现出独特的韵律美感，使作品更具有未来感。

艾里斯·范·赫本在成为设计师之前是一名舞蹈演员，因此其设计理念和作品与众不同，自然界一直是她的灵感源泉，如植物膜、羽毛、化石、鳍、气泡、声波等。2020年春夏高定系列即与此相关，水螅生物的树突图为艾里斯·范·赫本提供了"真正未被探索的微观和宏观世界"，这是她的灵感来源。秀场第一款是一件激光切割的黑色皮革紧身胸衣，当模特开始轻轻地挥动手臂时，褶皱的袖子变成了根部结构的翻滚延伸。同时，画在欧根纱球体上的声波形态线条，形成一个分层的空间形状，似乎在振荡。她还尝试将谢尔·卡鲁瑟斯（Shelee Carruthers）的油画与水结合在一件宽松、透明的连衣裙上产生油彩流动效果。右页图中这款设计灵感来自于鱼鳍，赫本运用3D打印技术，构建出独具魅力的设计。"鱼鳍"是整款设计的核心元素，设计师将此元素主要分布于胸、袖口和裙摆等处。非常规的材质及构思设计，形成了迥异于常见的奇特效果，表现在诸如造型、细节处理、材质与人体的空间关系、材质之间的视觉关系等，这就是艾里斯·范·赫本对人与自然探索思考形式，正如她在谈到自己的作品时所说，"我要找的不是真正的我，而是围绕我与世界的关系。"

让·保罗·高提耶｜Jean-Paul Gaultier

时装品牌档案

作为法国时装界元老级人物，让·保罗·高提耶（Jean-Paul Gaultier）的高定秀向来颇受关注。在 2018 年秋冬设计中，高提耶的系列聚焦于裁剪和衍生出的性别多样性，是对他早期质疑性别规则的及时回溯。不可否认，这一主题在他的秀场中曾多次出现，早在 20 世纪 80 年代初，他第一次让男人穿上裙子，这一激进行为成为当时时尚版面之外的头条新闻，还引发了有关吸烟问题的讨论。吸烟装是 20 世纪 70 年代的经典之作，此次系列中，高提耶设计了多款吸烟装，他的吸烟装交替地被解构成双排扣的无袖露肩紧身连衣短裙和长裙，这也是让·保罗·高提耶品牌的代表性款式。左图这款吸烟装呈现了 20 世纪 70 年代风格，与伊夫·圣·罗兰（Yves Saint Laurent）那款著名的吸烟装相比，高提耶的设计更具性感。躯干式直线廓形，合体干练的齐腰短装搭配细长的瘦腿喇叭裤，体现另类的中性美感。同时还融入了高提耶对性感的诠释：上装狭长，驳头从领部至腰间呈细长型，内搭透明薄纱内衣。袖侧也拼接了透明薄纱，与前身呼应。虽然整款色彩都是黑色，但由于皮质、金属、缎料、纱质等材质的质地差异，呈现不同的光泽效果，视觉上互为衬托。

在 2020 年春季时装高定秀开幕前几天，高提耶宣布，他将在 2020 年这场秀后告别他以自己的名义跨越 50 年的时尚生涯，这确实令人惋惜，没人知道的是，设计师会上演一场大结局秀来纪念。在其展示的惊人的 200 多个造型中，涉及时装多样性、性别流动性、循环利用和可持续性等主题，自 1976 年第一次登台亮相以来，这些主题一直围绕这个品牌，并成为品牌的 DNA。整个系列装饰借鉴了非洲的原始文化，以街头朋克风格来打造，金属装饰遍布全身：灵感来源于非洲原始部落颈饰的颈部装饰、胸前自由散落的钢珠链子、手臂手腕脚踝装饰的多款金属饰件、裤腰金属链条。作为 50 年回顾设计秀，品牌辨识度最高的紧身胸衣必定展现。右页图中这款设计上装以紧身胸衣为雏形，运用了钩针技艺和花朵装饰手法，具有华丽的宫廷风格。下搭低腰卷边牛仔裤，裤脚大卷边，突出了街头感。模特发型也较有特点，特征明显的爆炸头是典型的 20 世纪 70 年代风格表现。

渡边淳弥｜Junya Watanabe

时装品牌档案

渡边淳弥（Junya Watanabe）不同于其他日本设计师，他酷爱英伦街头亚文化，在多季作品中都尝试过朋克主题。2019年秋冬，他将当季流行的垃圾摇滚文化作为主题表现。该系列继续采用拼贴手法，即将常规实用服装的一部分与一些面料拼接起来，T台上随处可见印花布料与不同搭配组合，包括牛仔短装、卫衣、毛衫、风衣、皮夹克，甚至西装等。整体有些杂乱，如印花图案被重新组装成破烂的补丁，穿在牛仔裤外面。另外，印花布与黑色拼接西装及百褶细节的拼接令人感到一种极端无序至协调的视觉转化效果，这是垃圾摇滚文化的服饰本质。头饰颇具特点：年轻模特戴着婴儿状的假发，假睫毛歪歪斜斜的，厚重的粉红色唇膏，整个造型就像孩子玩过的娃娃一样。左图这款设计由超长外套搭配牛仔裤构成，两块看似无关的面料拼接组合成上装，红色和黄色大花朵分外夺目，加上绿色宽条纹和白黄菊花，整体看似混乱，但牛仔裤和同样花哨抢眼的银色皮革镶边麂皮靴子的搭配显得很协调，这种构思完全颠覆了传统服装设计美学规则中对花色面料的运用。

渡边淳弥2020年秋冬作品主题围绕性感展开，归纳起来有三大关键词：绑带、皮革、解构。性感是一个当季很流行的概念，但渡边的性感并不仅限于透视或裸露，他的紧身胸衣是用不可穿透的皮革裁剪而成，并且许多还是套在紧身衣外面。绑带也是性感元素，渡边在双排扣外套和单排扣夹克上塑造服装结构；此外这些绑带充当了附属的安全带，连接有绗缝的袋子和扇形的背包，甚至还有装饰在臀部上的绑带。渡边运用经典的解构方式构思设计，如将夹克衫的后片剪下来与不同的夹克衫临时搭在一起，或者干脆穿成半件夹克，用肩带或腰带固定。右图这款设计就是典型的渡边风格，擅长服装版型的他将正统西装解构重组，留下左半身，而右半身则完全是裁片与绑带连接，与黑色紧身衣搭配格外硬朗。下配紧身豹纹裤，尽显奔放狂野。模特们凌乱的金色假发、胡乱涂抹的口红和绑带元素皮鞋都吻合了街头朋克理念。

高田贤三｜Kenzo

2014 年春夏，时任总监卡罗·利姆（Carol Lim）和温贝托·莱昂（Humberto Leon）使高田贤三（Kenzo）品牌再次成为时尚界的焦点。来自美国加州的他们将与家乡息息相关的海洋环境引入了设计主题，以此呼吁挽救濒临灭绝的鱼类资源。当然，他们在新一季的作品中渗入了年轻人的冲浪文化，运用了大量的印花，包括潦草的涂鸦、蓝色波纹、红色波纹等，以满足高田贤三粉丝的新奇感。右上图这款设计颇具代表，海洋主题贯穿在短袖 T 恤和及膝裙上，统一的海蓝色调、冲浪和海水浪花感觉的抽象图案、不规则的波纹状裙摆，以及夹趾拖鞋，无不显现出浓郁的海洋风。圆领 T 恤上的印花图案"No fish，no future（直译为没有鱼类就没有未来）"成为设计的中心。服装的裁剪以高田贤三品牌特有的方式展现独树一帜的风格，开衩被运用在衣侧和短裙中，就如同设计师所说，让微风进来吧，所有这些都是生机勃勃的体验。

2021 年春夏系列是菲利普（Felipe Oliveira Baptista）为高田贤三献上的第二季作品，作为一位来自葡萄牙亚速尔群岛并酷爱其壮丽山丘的年轻人，他非常希望在作品中注入可持续观点，尤其是如何和谐而乐观地对待地球和环境，这些主题也是高田贤三品牌的核心（高田贤三的商标上就是老虎图案）。本季作品设计缘由 2019 年拍摄的记录片《霍尼兰》产生，影片描写了马其顿农村的一位养蜂人的故事，其着面纱的形象启发了菲利普，并成就了这个系列，让他以时装形式探讨人类与生态系统之间的关系。作品设计围绕此理念展开，他设计了多款多功能、多用途的服装，如一件有多口袋的适应性强的外套可以被包裹起来，变成一个垃圾袋；还有一款圆形皮包的底部藏有拉链并可以由此转换成一个单独的巨型购物袋。右下图中这款设计款式简洁，重点突出内外搭配，紧身衣、紧身短裤外搭酷似披风的宽松加长拉链衫。整套服装运用飘逸面料，模糊抽象的花型图案增添了快速流动感，呈现出户外和运动感，这可能与菲利普 2010 至 2018 曾任法国鳄鱼（Lacoste）主设计师有关。独特的连帽面纱造型是养蜂人灵感的转化结果。

浪凡｜Lanvin

2019 年布鲁诺·西亚利（Bruno Sialelli）作为新的设计总监正式在浪凡（Lanvin）上任，总体而言他在浪凡品牌的首秀紧随当季流行热点：随意、自然、飘逸，较之以往，设计更加年轻并具活力，如水手领子和皮革领带的羊毛夹克、心形翻领的夹克、双卷边方格呢短裙、补丁皮夹克、毛毯大衣和裙子等。搭配的细节包括花里胡哨的格子毛毯斗篷、流苏运动鞋、男士西装和木屐组合等，非常有趣。此外，该系列加入了睡衣这一 2019 年前后流行的元素，包括罩衫大袍、有层次感的宽松连衣裙、非常精细的紫色垂边连衣裙、较长的手帕型丝质睡衣、蕾丝吊带裙、刺绣露背龙纹的薄软绸罩衫等。右上图这款浪凡 2019 年秋冬的设计，廓形呈帐篷形，线条宽松、自然、柔和，具有法国式优雅特征。吊带式拖地长裙通过斜向裁剪，使裙摆呈现锯齿造型，裙身结构简洁，与裙下摆两层体块结构形成反差。设计融入了睡衣元素，如花边和蕾丝两种材质用作装饰和内衬。色调也如此，粉蓝、浅灰、米黄构成了淡雅基调，似梦境一般。此外，碎花也是睡衣常用设计元素之一。

2020 年浪凡春夏时装秀名为"Slumber Land"（梦乡），创意总监布鲁诺从漫画《小尼莫梦乡历险记》中汲取灵感，演绎了一场梦幻之旅。1905 年，插画家温瑟·麦凯（Winsor McCay）创作了《小尼莫梦乡历险记》，讲述了一个梦想超越现实的小男孩，被吸进他自己的幻想，布鲁诺的童年常能和尼莫产生共鸣。布鲁诺在这一季的春夏系列中特地设计了几款带有神父外套廓形的服装，这也是当季流行要素，衬衫、运动衫和裙子上都印满《小尼莫梦乡历险记》的整页漫画，搭配明亮活泼的色彩。材质方面表现丰富，羊绒、丝绸、皮革等多种面料被运用于多种款式。最后出场的时装借用了穆克什（一种古老的埃及刺绣工艺）元素，这种工艺在埃及已经很少使用了，为此，设计师特意前往印度寻找会使用类似工艺的女裁缝。用这种工艺制作几件布满彩色金属片的服装需要花费一万五千小时，手工超越了设计本身，成为真正的艺术之作。右下图这款浪凡 2020 年春夏设计构思新颖，圆领、微敞式门襟结构、连衣裙与裤装结构相结合，上紧下松，袖口和下摆均呈伞状造型，流线型外轮廓带出浪漫气息。色彩选用呈低纯度的柠檬黄与湖蓝这组对比色彩，充满梦幻感。方格图形的运用使整款服装显得更具童趣。

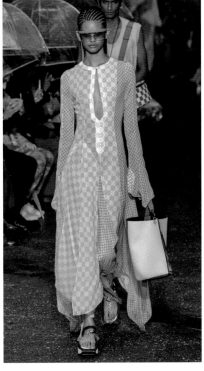

罗意威｜Loewe

时尚界常常将罗意威（Loewe）创意设计总监乔纳森·安德森（Jonathan Anderson）与赛琳（Céline）总监菲比（Phoebe Philo）相提并论。的确，他们在设计上有相同之处，简洁的线条，洗练的廓形等，但罗意威不是赛琳的翻版，安德森有能力处理简单、干净的轮廓与工艺和质感之间的矛盾，2019年秋冬的设计作品证明了这点。此次灵感来自荷兰、法国和英国在15—17世纪的肖像画，秀场上出现的诗人袖上衣、清教徒领口外套、皮革滚边黑色紧身外套、牧师穿的长披风等都有画像中的影子。安德森的构思呈现出现代感，且略带奢华，而这正是与赛琳的不同之处。右上图中这款设计是本系列的压轴之作。胸前波浪状结构别具特色，既富有节奏感，又充满怀旧气息。纯净洁白的蕾丝呈锯齿状装饰于袖口、领部，塑造出超长、超尖效果，外加合体细长的黑色外套和锯齿状裙身，这些都是15世纪的哥特元素。安德森很好地平衡了过去与现代这一对矛盾，使作品既时尚又实穿。

罗意威不仅是一个时尚品牌，还象征着西班牙贵族气质和精湛技艺，这也吻合了安德森对于罗意威2020年春夏系列描绘的三个词：空灵、诗意和贵族。受西班牙著名画家委拉斯开兹、戈雅等画家笔下的肖像画人物着装面料的启发，安德森尝试在品牌中融入传统手工艺，包括水溶蕾丝、玛格丽特花边、拉丝工艺等，体现了十六十七世纪的服装用料的精致和制作技艺的精湛，这也成为罗意威复兴西班牙文化的一部分。自从入主罗意威，安德森对该品牌进行了改造，除了极简这一设计师标志性的元素外，廓形也更趋A形这一体现女性化的造型，本季系列诸多款式即是如此。右下图这套服装设计简洁，既有古典美，又不乏现代感。收腰衬衫结构和大尖角领流露出宗教特点，外敞的下摆和多褶裙摆相呼应。精细的花边嵌在省道中，既体现结构，又起装饰作用。此外，蕾丝花边装饰于袖口和衣下摆，柔化了衬衫上原本男性化的硬朗感。镶拼的粉蓝色淡雅清新，在白色占主导的设计中透出一丝别致韵味。

路易·威登 | Louis Vuitton

时装品牌档案

时任设计总监尼古拉斯·盖斯基斯（Nicolas Ghesquière）自从执掌路易·威登（Louis Vuitton，简称LV）品牌，频频与历史碰撞出火花，他曾把18世纪的礼服外套和弹性运动鞋联系在一起，2019年秋冬回顾了20世纪80年代前的蓬皮杜，而2020年春夏他聚焦于巴黎在1871年至1914年的"美好时代"（Belle Époque-era），这也是一个或多或少与路易·威登家族的诞生和崛起相吻合的时期。19世纪末，建筑和技术的进步为精英们开创了一个旅行的新时代，路易·威登先生和他的后代们为这些精英旅行者准备了装饰有花图案的旅行箱。2020年春夏秀场的款式有造型蓬松的袖子、郁金香形短裙、抽带式露肩罩衫、宫廷元素的褶裥围兜、手绘天使脸的漂亮小皮夹克，选用鸢尾花、绿色原始迷幻漩涡纹样和彩色花朵等运用于提花外套和连衣裙上，加上吉布森女郎发型，充满了新艺术风格氛围。右上图这套服装由收腰合体西式长外套和宽松长裤组成，内搭白色尖角翻领男式衬衫，一副浓郁的吉布森女郎风貌。廓形细长，袖管瘦长、上装的纵向抽象纹样和裤装的直线条纹加强了这种视觉效果。整款以白色为主，搭配黑色和暗红色，以高纯度的花卉胸针作点缀，起画龙点睛作用。

时尚常常是对过去的总结，这正是尼古拉斯与以往的不同之处，如2018年春夏季系列，他曾将18世纪的礼服外套融入作品中。2020年秋冬作品展现了他对西班牙的喜爱，包括斗牛士夹克、西班牙波莱罗（bolero一种传统的西班牙舞蹈）舞裙都是亮眼之处。当季运动风潮的持续流行在作品中有所体现，无论是赛车驾驶、摩托车越野，还是太空旅行元素的夹克、连衣裙和短装都融入了拼接撞色、抽象印花或几何图案，契合了尼古拉斯注重都市和未来的设计风格，精巧合体的剪裁为其设计锦上添花。降落伞裤在整场秀中特别显眼，这是路易·威登品牌独有的高科技单品。此外，瘦长型运动拼色派克大衣系列也给人带来视觉震撼，因为它们融入了街头语言。右下图这款作品将运动风格和民族风格、赛车服元素和西班牙波莱罗舞裙巧妙结合。短上装肩部造型夸张，配以大翻领和落肩无袖结构设计，依托流线型的线条将不同色彩和质地的面料进行拼接，将高纯度的橘色与黑、白和灰色搭配，胸前的折线图案突显作品的科技和未来感。裙装以西班牙舞裙为灵感，为多层褶裥设计，呈喇叭状外形。配色上以黑色为主，借助不同材质的搭配形成变化，橘色在视觉整体中起点缀作用。

马丁 · 马吉拉精品屋｜Maison Margiela

时装品牌档案

21世纪以来，时装界一直在讨论时装行业的可持续议题，由于过度生产造成大量的库存和浪费，由此引发地球环境和人类生存面临严峻的挑战，"再循环"已然是时髦词语。马丁 · 马吉拉（Maison Margiela）设计总监约翰 · 加里亚诺（John Galliano）曾在一个时装屋播客中谈到，他和他的工作室团队是如何探讨"世界上有太多的衣服了"，于是他的助手们就到古着店去淘旧衣服。加里亚诺将淘来的老货用他的剪刀来重新构思，化腐朽为神奇，并在马丁 · 马吉拉2020年春夏高级定制秀场上展示。他把一些丝绸衬衫裁成飘动的标签，把穿孔想象成负空间亮片，然后把气球外套的袖子剪掉，将它们粘在围巾上，再系在圆柱裙上，床单或者是尼龙窗帘被重新设计成了晚装斗篷。右页图中这款拖地晚装体现了加里亚诺的设计风格，他将网纱、蕾丝这两种透视面料糅合在一起，外衬网纱斗篷式披肩，形成三层透叠效果，紫色网纱在黑色蕾丝映衬下若隐若现。廓形线条随意自然，在裙摆处形成堆积，产生节奏美感。色彩方面展现了加里亚诺高超的平衡能力，手套选用了鲜艳的黄色，与裙身的灰紫色作对比，起点睛作用。

可持续再循环时尚如今已成为时装界的共识，主设计师加里亚诺可算是这一领域的开拓者之一，他最先从高级定制时装开始，对历史上的经典作品进行了重组。加里亚诺曾谈到，他希望找回并抓住20世纪衣橱里逐渐消失的记忆中的有意义碎片，"这是对价值的回归，是对我们所信仰的一切的回归。"如今，马丁 · 马吉拉品牌服装上均有"Recicla"标签，以证明此款是再循环时装。左上图这款设计充分体现了再循环时装的特点，源于古着时装，经加里亚诺的巧妙剪裁和构思，留下了大翻领和前片部分，未设置里布的领面和没有挂面的门襟，以及线迹外露的设计细节。内搭的无袖蓝色中长连衣裙经过了镂空处理，同样，外套长至脚踝的透视雪纺纱裙也经过了设计处理，服装结构明显，垫肩完全外露，解构手法在加里亚诺作品中得到充分运用。色彩也是一大特色，这款设计采用高纯度的冷暖对比，鲜艳的红色和蓝色相配，红色为主导，蓝色作点缀，橘色则起到辅助和协调的作用。

曼尼什·阿罗拉｜Manish Arora

时装品牌档案

2019年，时装界还在劲吹运动风，曼尼什·阿罗拉（Manish Arora）在其当年春夏系列中，以"运动与性感的结合"为主题进行设计，而他标志性的具有印度文化特色的手工装饰被置于运动氛围中。阿罗拉与巴黎圣日耳曼足球队进行合作，并将球队的当红球星凯利安·姆巴佩头像印制在衣服上。此季作品的款式设计比较寻常，色彩和图案的设计运用是重点。色彩上，他延续以往的印度风格，高纯度高明度色彩互相搭配，争奇斗艳。图案也别具一格，大多数作品是印度风格的花草、豹子等。右页图中这款牛仔套装廓形合体，在基本款的牛仔短上衣中加入了几何图形刺绣和金属链条。裤装采用数码印染，各类造型线条和心形图案概括简洁，色彩明艳富有动感。此外，这款服装设计腰间立体的彩色刺绣豹子头设计与服装浑然一体，特别引人注目。

阿罗拉2019年秋冬设计是设想参加童话世界里一场美妙的异国情调婚礼，这场秀的主题是"最后的正常人"。这是一场近乎疯狂、超越极限的视觉盛宴，"为世界末日而打扮"。正如他所说，所有服装意味着从迷幻的火焰中走来，设计充斥着以印度文化来诠释的20世纪早期爵士乐时代的时髦女性、乡村和美国西部、生存主义的沙漠风景、好莱坞等构思。整场设计造型细长，袖身也出奇的长，羽毛、流苏、人造毛、亮片、绸缎等烘托了爵士氛围。带有印度文化特色的孔雀羽毛图案被大量运用，此外还有心形纹样和印度风格的花草和风情画。左上图这款婚纱设计采用内衣外穿形式，以鸵鸟毛和流苏装饰连衣长裙，外加及地披肩，虎头帽和花式厚底鞋为整款设计增添了异域情调。整体上，这些服装细节貌似混乱无序，通过极具对比性的色彩搭配取得协调，各种蓝色、猩红、草绿和闪光的玫红色等高纯度色彩对比强烈但互不干扰，和谐统一，体现了典型的印度文化。大胆而独特的色彩搭配已成为曼尼什·阿罗拉品牌的标志，这印证了当天参加活动的歌手所说："我已经受够了时尚人士穿着黑色和传统颜色的安全感了。我只喜欢疯狂和色彩。"

穆勒｜Mugler

时装品牌档案

当今时装设计的形式已不再循规蹈矩，而更多是追求设计元素的冲突性、矛盾感，通过对比来突显时装的韵味和魅力。2018年春夏的穆勒（Mugler）品牌的秀场，一部20世纪70年代西部喜剧启发了主设计师大卫·科马（David Koma）。紧身衣和荷叶边这对看似毫无关联的设计元素在整个系列中贯穿始终，基于品牌基因的性感紧身衣是秀场重点，而用精细金属纱线切割而成的彩色雪纺长裙与之相配，视觉独特。右上图这款设计将浪漫飘逸的波西米亚风与硬朗中性结合在一起，同时又夹杂了性感元素。除了风格之外，还包括其它对比关系：廓形慵懒拖沓的上装与紧身胸衣和裤装、质地柔软的雪纺与厚实的皮革、布料与金属、遮与露、黑与白、上装自由的曲线与裤装整齐规则的装饰线等，如此众多元素的组合形成了最大化的视觉冲击力，这也是品牌的魅力所在。

什么是性感？蒂埃里·穆勒（Thierry Mugler）在20世纪八九十年代有一些引人注目的表现：夸张的臀部和肩膀以及削尖的腰围，这已被认为是典型的穆勒风格。创意总监凯西·凯德瓦勒德（Casey Cadwallader）对蒂埃里·穆勒时代的复古作品产生了浓厚的兴趣，重新研究其夸张的比例和扭曲的魅力所在。2020年穆勒春夏系列，凯西塑造出犀利合体的剪裁，透明纱的广泛使用、紧身胸衣结构等无不重现了穆勒品牌风采。右下图这款是开场款，名模贝拉·哈迪德（Bella Hadid）着一件短夹克、网格紧身胸衣和连裤长袜。设计师恰到好处地在胸前、胸腰间、腿部设置了粗细不一的黑色线条，在肌肤上形成不同的几何形态，整体富有节奏的韵律美，并恰当地把握了遮与露的关系。此外，这款设计将20世纪80年代的宽肩造型与90年代的透视性感完美融合，既带有女强人特点，又不乏女性的柔美性感。这是凯西迄今为止最具穆勒风格的作品。

Off-White

时装品牌档案

  Off-White 2019 年春夏秀场就像是场运动会，T 台被涂成了田径跑道，八位金牌运动员与那些名模一同走秀，每个人的名字都会在电子排行榜上一闪而过，旁边写着他们的国籍，令人如同置身于一场比赛。开场的白色系列是不同造型的白色网球短裙设计，搭配同样白色的衬衫，而随之出场的白色透明马甲、超长宽松罩衫、机车夹克、波西米亚风格套装、军装风格外套，甚至礼服，都源自网球裙的衍生设计。左下图这款紧身淡蓝色弹力连衣裙搭配斜切薄纱裙的创意，直接延续了美国网球巨星威廉姆斯（Williams）的灵感，上衣结构不对称，胸前斜向的拼接延续至袖肩处，与同方向的腰线和裙摆线形成节奏感。在审美上，原本并无关联的具有运动感的针织衫与浪漫优雅的纱裙相组合，正如已故的创意总监维吉尔·阿布洛（Virgil Abloh）对 Off-White 的定义："通过将两件不相关的东西融合在一起，创造出一种新的审美观。"

  2020 年秋冬季设计品类包罗万象，有铅笔裙、黄油色风衣和黑白格纹西装，甚至还包括当季热销的工装夹克，中间穿插着垃圾摇滚风格的装饰件。右下图这款设计在整场系列作品中独具魅力。维吉尔将传统的西装结构解散重组，衣片左高右低，充满动感。而最耐人寻味的是数码打印的衣身图案，大块边缘朦胧的黑色、米色、红色组成别具一格的图像，令人产生视觉错位感。色彩上以红褐色为主，橘色和红色作点缀。

帕科·拉班｜Paco Rabanne

时装品牌档案

帕科·拉班（Paco Rabanne）品牌在设计总监朱莉安·多塞纳（Julien Dossena）主导下蒸蒸日上，他了解年轻人喜好，所设计的作品更贴近市场和消费者，2019年秋冬设计正是如此。此季由20世纪三四十年代好莱坞电影女神触发灵感，一直延续至20世纪70年代伦敦的华丽摇滚，带有那个时代印记的收腰连衣长裙是整场秀的主角，飘逸奢华的面料透出浓浓的好莱坞情调。品牌原有的金属元素仍然体现在设计中，如链甲裙、闪闪发光的"传家宝"胸针等，而这与印有各类豹纹、虎纹图案的裙装瞬间穿越至20世纪70年代的华丽摇滚风貌。右上图这款连衣长裙设计款式简洁，将女性的柔美与战士般的未来感融为一体。20世纪30年代风格的合体收腰结构，线条洗练柔美，而带光泽的银色金属丝既洋溢着好莱坞妖娆奢华的气息，也不乏20世纪60年代的未来感。布满全身的伞状几何图案规整有序，呈现出典型的装饰艺术风格（Art Deco，即迪考风格）。腰间的金属花朵形式独特，引人注目。

女权主义历来是时装界和时装品牌的热门话题，而帕科·拉班这一品牌天生就具备女性硬朗特质，表现为20世纪60年代太空元素及其带来的未来感设计，特别吻合女权主义的内涵。对于该品牌而言，设计特质是把双刃剑，在作品中过多强调其金属、太空等元素会适得其反。朱莉安一直思考如何突破帕科·拉班品牌已有的限制，在2020年秋冬系列，他尝试塑造出神秘的女祭司形象，在设计中透出灵感来源于象征宗教精神的教士装束，如连帽衫和褶边、斗篷和长袍等。与以往不同的是，这一季作品透出一丝女性化倾向，优雅修身的大摆连衣裙风姿绰约，蕾丝和花朵刺绣也被大量运用。右下图这款设计充分体现了朱莉安对品牌的定位，不再拘泥于固有定位，完美地将女性的柔美与刚毅融为一体。整款设计呈A形，收腰连衣中长裙一展女性的优雅气质，而闪光材质构成女性的硬朗一面，与廓形所传达出的时尚语言形成对比。银色蕾丝的运用堪称设计精华，透射出设计师掌控品牌的新思路，是独具魅力的帕科·拉班式女权主义形象。

瑞克 · 欧文斯 | Rick Owens

　　持续多年的中东的难民潮给予瑞克 · 欧文斯（Rick Owens）2018 年春夏女装系列设计灵感，尤其是身背大包小包、头顶肩扛、衣衫褴褛的难民形象，所以作品中出现大量的包裹缠绕元素和捆扎撕裂结构，同时也结合欧文斯擅长的带有原始风貌的披挂、堆砌，以及解构主义等手法。虽然题材较为沉重，但整场色彩以白色为主，秀场中甚至还有一件不对称的褶皱连衣裙选用了充满活力、生机勃勃的绿色，这正反映了欧文斯的观点，他说"这是一场关于希望的秀。"左下图这款设计完全脱离了常规服装构成原则，结合了装置艺术概念，具有很强的视觉冲击力。头顶和腹部凸起的填充物成为整款的焦点，衣片上不规则的破洞形式自由穿插组合，深刻反映了难民衣着形象。整款设计看似紊乱无序，但大小不一的圆形结构有效地协调了设计效果。

　　在 2019 年春夏系列上，欧文斯灵感来自于巴别塔和塔特林塔，前者本是一个宗教故事，说的是人类产生不同语言的起源；而后者也称为第三国际纪念碑，是苏联建筑师弗拉基米尔 · 塔特林所设计的建筑，不曾建造完工。在整场设计中，反映出塔特林塔对欧文斯更为深刻的影响，如出肩部向两侧伸展的翼状造型、金属支架头饰和袖口装饰件、超大廓形、层状堆砌的服装结构、坚硬的皮革、激光切割镶板斗篷等设计元素完美塑造出女神形象和英雄感，也有例外，比如带有丝质流苏的迷你裙看起来非常性感。右下图这款设计上窄下宽，造型呈帐篷形。该作品以三角形为元素进行组合，并呈现有规律的镂空，对应了塔特林塔造型和空间效果。芥末绿色的头巾呈披挂状，带有原始部落的氛围，在色彩上与衣身整体的墙红形成对比。

罗莎 | Rochas

时装品牌档案

　　亚历山德罗·戴拉夸（Alessandro Dell'Acqua）是一位有实力的意大利时装设计师，在任罗莎（Rochas）设计总监前已将 N°21 做得风生水起。在罗莎品牌的几年中，他的设计愈加成熟，除保留了品牌原有的简洁优雅精髓外，还兼具可穿性和时尚美感，这使得该品牌在消费者中的影响力大为增强。在罗莎 2019 年秋冬系列中，亚历山德罗敏锐地融入 20 世纪 80 年代这一流行主题，硕大廓形外套采用了光滑的涂层、带褶皱的丝绸，以及闪光蓬松的黏胶纤维，使得外套、罩衫和连衣裙塑造的形象更显年轻和现代。左下图这款礼服采用帐篷形，下摆奇大，形成独特的具有 20 世纪 80 年代风格的超大风貌。采用密褶形式，在视觉上突出了高腰结构以及胸腰融为一体的效果。领部是设计中心，两层荷叶褶飘飘欲仙，完美地展现了女性的柔美。长及腿肚的裙身以层状结构展开，舒展而悦目。整款以米白色统领，充满了纯净的浪漫气氛。

　　2020 年秋冬系列是亚历山德罗服务于罗莎的最后一季作品。他将品牌以往系列中他最中意的元素一一呈现，包括精细剪裁的点缀着绿色水晶的双绉连衣裙、超可爱的花朵滚边、水晶夹克搭配不规则褶皱的裙子、双面羊绒工作服、少许蓬松的豹纹，以及三件流苏装饰外套。右下图这款裙装的设计延续了他一贯的风格：简洁大方、细节细腻、质地精良、可穿性强。黑色上装采用无袖、高领设计，胸前半圆形的透明纱结构突出了质料差异这一细节。同样黑色 A 字形下身裙装呈不对称结构，左侧以刺绣和珠萃装饰，与右侧加长的布料在视觉上达到平衡效果。

萨凯｜Sacai

时装品牌档案

　　萨凯（Sacai）品牌 2019 年秋冬作品依然是其标志性的混搭设计，不仅有男女款式的混搭，也包括其它不同品类的混搭。设计总监阿部千登势（Chitose Abe）说年轻时喜欢把拉夫·劳伦（Ralph Lauren）童装套叠在复古连衣裙上，这季她如法炮制，将一件双排扣的人字形宽松卡其色风衣，在胸口处外加一件紧身的军绿色背心，这种创新的搭配形式是品牌畅销的关键。此外，本季设计还运用了层穿结构，将外套、毛衣、背心、连衣裙等随心所欲自由搭配，最为鲜明的是多款毛衣罩在羽绒服外。不对称设计也是本季特色之一，衣服左右各不相同，不对称的设计使穿着者在搭配上有更多的发挥空间。右上图这款长风衣设计有别于品牌注重结构和搭配的理念，图案成为表现重点。这款风衣的图案来源于美国著名抽象画家杰克逊·波洛克（Jackson Pollock）在工作室地板上创作的行为艺术作品，阿部说"对大多数人来说，萨凯有一个抽象的"哲学"，波洛克是抽象的画家，但两者结合，它就具体和真实了。"在长款宽松结构外罩着一件短小紧身的羽绒马甲，阿部再次演绎其拿手的混搭理念。此外，迷幻的色彩与单一的黑色也形成强烈对比，这使整款设计更具看点。

　　阿部擅长在作品中将男装元素运用于女装设计中，从而创造出独具魅力的中性形象。在 2021 年萨凯春夏系列作品中，萨凯仍然采用这一常用的混搭手法，尤其是在面料和裁剪中大量运用了男装元素，如胸罩上衣采用西装面料、军装风格的尼龙被塑造成性感的女性轮廓、由倒置的男夹克改造而来的裙装等。在具体的设计处理上，阿部采用了解构主义手法，将男装拆解重组，或与女装部分拼接，如将宽大的白色男衬衫解构成长裙、由半截男西装改造而成的中长裙等。右下图中这款设计具有典型的解构主义特征，同时又充满军装风格。阿部充分展示了其对服装结构的娴熟把控，在上装部分，将飞行短夹克下半截与西装上半部分直接拼接，两种互不相干的门襟结构巧妙相连，体现了设计师的奇思妙想。下装为降落伞状不对称大摆长裙，搭配军绿色拉链高筒靴，既柔美又刚毅，是萨凯品牌理念的完美展现。

圣罗兰 | Saint Laurent

1975年，在巴黎街头，著名时装摄影师赫尔穆特·牛顿（Helmut Newton）为圣罗兰（Saint Laurent）拍下了经典的吸烟装女郎，这一形象成为了女装中性风的象征，而吸烟装从此成为了该品牌的经典款式。这一创想不仅掀起了女装界的革命，更推动了女性社会地位的提升，其意义甚至超过了时尚本身。圣罗兰品牌2020年春夏主题即致敬设计大师圣罗兰20世纪70年代的作品，尤其是他的吸烟装。设计总监安东尼·瓦卡莱洛（Anthony Vaccarello）选用了大量其它具有20世纪70年代风格的设计元素与剪裁精致的西装搭配，如热裤、百慕大剪裁牛仔裤等，散发出浓浓的中性魅力。秀场上还演绎了圣罗兰于1976年掀起的华丽嬉皮风，这也是当季流行的主题之一，如金色佩兹利旋涡纹刺绣连衣裙、仙女般的雪纺衬衫、褶裙、农民罩衫等。右上图这款套装设计以吸烟装为灵感，结合当下流行，新颖独特。东尼·瓦卡莱洛设计了黑色双排扣经典修身西装，中袖的设计富有特色。内搭白色大翻领衬衫，与外套形成强烈的明暗对比。袖口采用灯笼造型，带有民族风情。下配超短牛仔裙，在修长的上衣衬托下仅露出一小截，形成了极度对比的视觉反差效果。包裹式头饰、多彩手镯点出了异域风情。

安东尼·瓦卡莱洛将2020年秋冬系列聚焦于女性的性感。他将圣罗兰在20世纪八九十年代的经典款式以当下流行的时尚语言重新演绎，如红色格子花呢双排扣外套、天鹅绒领口上衣、前襟悬垂在臀部的开衩鸡尾礼服等。此季在服饰搭配上除了铅笔裙、阔腿裤搭配高光泽长靴之外，众多罩衫、外套、大衣均搭配了色彩各异的打底裤，体现了设计师所说的"女人的力量和她自己的自我意识"。右下图这款猩红色中长连衣裙带有典型的20世纪80年代风格特征，V字形外轮廓，高耸的肩部设计，外加宽腰带，突显女性的英武之气。整体设计简洁，胸前系长领巾，当属唯一设计重点。闪光材质异常显眼，随着身体扭动而动感十足。

索尼亚·里基尔｜Sonia Rykiel

时装品牌档案

1968年5月，索尼亚·里基尔（Sonia Rykiel）在巴黎左岸推出了自己的同名品牌，为了纪念该品牌半个世纪的辉煌成果，设计总监朱莉·德得班（Julie de Libran）于2018年秋冬季推出了索尼亚·里基尔品牌迄今为止唯一一场高级定制时装系列。众所周知，索尼亚·里基尔品牌核心是欢乐和女性解放并获独立感，在这场时装秀上，模特们穿着男式衬衫、宽大的男西装外套，甚至曳地加长款西装领大衣。本场秀以黑色为主，体现品牌倡导的女性自主独立的理念。里基尔以她的条纹海魂衫而闻名，作品中包括一件超大条纹罩衫，以手工钉珠构成。右上图这款也是典型的索尼亚·里基尔风格表现，廓形细长至脚踝，连衣裙外搭过臀披肩。面料为针织方式制造，以透视与否间隔，既与当季的流行元素吻合，又体现了品牌的精髓。压褶产生的纹理效果和飘逸的蝴蝶结带子使作品更加妩媚动人。

在索尼亚·里基尔品牌2018年秋冬成衣秀上，同时举行了品牌50周年纪念发布会。本季设计总监朱莉以她年轻时的音乐潮流为灵感，20世纪70年代末的后朋克和新浪漫主义风尚唤醒了她对时尚的热爱，她将这种爱带到了索尼亚·里基尔品牌。整场秀致敬了从20世纪60年代的摩登文化到90年代的垃圾摇滚文化，两者之间有许多时尚热点，也验证了时尚与流行音乐的紧密关系。设计作品渲染了品牌欢快自由和女性解放的理念，如中性化的裤子套装、硬朗的皮质短夹克、20世纪80年代风格的宽肩造型、占据主导的黑色、高筒靴等，此外，带有朋克印迹的铆钉、拉链等金属配件多处出现。右下图这四款设计都体现了品牌的欢快气氛，以波状荷叶边设计手法贯穿始终，在上装下摆和裙摆塑造了多层荷叶边，通过白色滚边使款式在视觉上呈跳跃感，同时兼具浪漫气息。四款设计风格一致但款式有差异，既有高腰式，也有交叉式和前扣露胸式。面料、细节和搭配也是表现重点，如透明薄纱的运用、高腰系皮带、金属挂件、紧身裤等，呈现出丰富的多样性。

斯特拉·麦卡特尼｜Stella McCartney

时装品牌档案

斯特拉·麦卡特尼（Stella McCartney）品牌历来注重绿色环保，提倡可持续时尚理念，2018 年春夏秀邀请函上附带了一卷"垃圾袋"，采用一种以可回收线性低密度聚乙烯制成的衬里制做，上面印有设计师品牌标志。秀场上斯特拉·麦卡特尼也履行了自己的环保承诺，款式简洁、廓形宽大是该品牌的设计特点，本季推出了水洗棉的超大飞行服、非洲风格印花有荷叶褶的秋千裙、直筒连身裙、长款圆领衫等，这些款式穿着舒适，非常适合在都市快节奏环境中放松自我。左下图这款紫色风衣设计简洁，造型独特，肩线落至手肘位的裁剪结构使服装呈超大外观，外加荷叶褶装饰，肩部成为整款设计重点。由于特殊的剪裁结构，袖子和衣身造型都呈宽松状态，而腰带的设计使穿着更实用和美观。

2020 年，斯特拉·麦卡特尼秀场展示的作品强调极简，没有过多装饰，从秀场起初的职业外套到尾声的睡衣和束腰长袍造型都是如此。此次与 20 世纪 20 年代时装插画家艾尔特（Erté）的档案馆进行了一次特别合作，让设计师有机会通过印花和刺绣添加奇思妙想，同时保留了她轻松轮廓的自然魅力。其中的水母主题特别迷人，体现了设计师长期以来对动物的关注。右下图这款作品，斯特拉·麦卡特尼没有采用传统礼服的合体紧身廓形，而是采用宽松的造型，完美诠释了品牌设计理念。衣领和袖身借鉴了 T 恤式样和结构，臀部的口袋突出了夸张的造型，在外观上呈现出张弛有度的节奏感。水母纹样造型简单明了，与整款设计风格相吻合。

唯特萌｜Vetements

时装品牌档案

时装是社会生活的一部分，唯特萌（Vetements）品牌 2019 年秋冬系列所反映的不再是时尚，而是直面现实状况，以时尚语言反射出社会的混乱一面。虽然本季开场是一款黑色高领针织衫搭配蓝色牛仔裤，旨在向苹果创始人史蒂夫·乔布斯（Steven Jobs）致敬，但在其它款式中充斥着倒置的无政府主义标志、翻挂的羽绒服和 T 恤结构、拼写错误但可辨认的公司标志、伪造的国际刑警组织标志、印在运动裤裤腿上的"Made in Europe"、与美国囚服相同的款式、口号式语句等设计细节，时任设计总监丹姆纳·瓦萨利亚（Demna Gvasalia）以这种方式诠释品牌理念。右上图这款设计整体造型宽松，简单的连帽卫衣搭配超肥裤装，属于典型的街头时尚。胸前倒置的语句、裤侧外露的洗水标突显设计的独特性。连帽衫里的黑色抓绒面罩一直延伸到脸部，仅露出双眼作为窥视孔，用来向外看。正如丹姆纳自嘲"我意识到没有隐私。当我乘坐着公共交通工具在手机上工作时，我经常看到有人俯视我的手机，或者给我拍照。"

唯特萌品牌 2020 年春夏系列设计再次聚焦社会现象，反映了反政府暴乱愈演愈烈的法国。T 台设计成巴黎位于香榭丽舍的麦当劳餐厅，设想你是一名游客正在用餐时，出现了一名着制服的警察，这是秀场第一款，接着各类服装纷纷登场。整场系列丹姆纳运用不同设计手法，包括口号和词语以表达对资本主义和全球化的愤怒。此外警察制服元素也是品牌灵感，如反光条、肩襻、镶色、织带、胸标等，这源于他的俄罗斯警察制服嗜好，他说"我喜欢制服，我们想设计一套唯特萌的制服，并试图把它变成时尚。"右下图这款洗水牛仔男装采用连体装形式，带有军训服的影子。在肩部、袖身和膝盖处充分考虑人体结构和功能，通过胸袖连线分割使整款设计合体紧凑，时尚而干练。唯特萌品牌最具影响力的是其带有社会属性的细节，这表现在各类词语的运用，如图中这款在胸前机绣的醒目的德语单词 Böse（愤怒）也频繁出现在整个系列中，用以讽刺企业经理、银行家、民粹主义、互联网，以及时尚业无情的利润驱动而造成过度生产的浪潮浪费，鲜明地表达了设计师和品牌的政治观点，或许这就是唯特萌品牌之所以受到追捧的原因。

维特罗夫｜Viktor & Rolf

　　维特罗夫（Viktor & Rolf）品牌设计师组合自称是"时尚艺术家"，的确，他们无时无刻不在突破时尚极限，颠覆传统思维并创造出全新理念。2016 年春夏高定系列，维特罗夫品牌再次令人惊叹其创意。整场作品以白色网球衫作为基本款，通过浮雕般的立体造型，展示了人脸的多种神态。设计中巧妙地融入了布拉克的拼贴画、马蒂斯的剪贴画和毕加索的立体派艺术特点，带有超现实主义的审美特征。作为装饰的眼、嘴、鼻、头发等元素呈立体状，这种浮雕效果充分体现了两位设计师一直追求的服装雕塑感。左下图这款连衣短裙呈哑铃造型，具有很强的视觉冲击力。前胸堆饰了巨大的扇形褶裥结构，似夸张发型，并带有原始感。而眼、眉、鼻立体造型和片状形态分别受到毕加索和马蒂斯作品影响，设计师将其通过服装设计元素完美地展现出来。裙摆呈喇叭造型，与上装在形态上遥相呼应。

　　设计师将维特罗夫品牌 2019 年高定系列称为"精神魅力"，并指出他们最初定义的魅力充满了魔法。图案方面，星、月、花朵、动物（猫头鹰），甚至中国的太极纹样也大量呈现。为了体现"可持续"的时尚主题，此次设计运用了植物染的拼接面料，独具特色。右下图这款作品体现了品牌的一贯特点：设计简洁、整体大气、具有现代感。典型的 A 字形长款双排扣大衣由上装和宽大褶裥裙构成，胸下装饰的宽腰带融入了和服元素，带出了异域情调。令人瞩目的是袖两侧以布料撑起的翅膀造型，凌乱的发型更增添了神秘感。面料采用深藏青色，袖身与翅膀造型的渐变色彩衔接由于手工艺的运用而体现出可持续的理念。

维维安·韦斯特伍德 | Vivienne Westwood

时装品牌档案

可持续理念向来是维维安·韦斯特伍德（Vivienne Westwood）品牌所倡导的，设计师本人一直身体力行，无论是选材，还是构思都以环保概念着手，尽量避免给地球带来损害。2019年春夏作品就是例证，系列中有运用了棉布和亚麻布制作的夹克和吊裆裤，还有用从人工林中提取的木浆制成的提花织物制作成的露肩连衣裙。而这些人工林属于旨在重塑环境的造林计划的一部分。此外，维维安·韦斯特伍德品牌还按照可持续发展标准进行生产，包括内衣、羊毛罗纹针织衫、粗边和滚边衬衫，以及100%回收的条纹双排扣夹克和以军服为灵感的连帽衫。在剪裁上也尝试可持续理念，手帕裙的裙摆宽度是由被剪下的布料的长度决定的，以确保生产中的浪费最小化。右上图这款连衣裙款式简洁，右侧的披挂结构为典型的维斯特伍德设计手法。左侧开高衩，在视觉上与肩部的堆积布料形成平衡关系。整款服装中图案是特色，以中国水墨花鸟画图案为主要元素，寓意美好的花香鸟语世界，搭配涂鸦（上写"危险的动物"）和照片印花，旨在提醒世界环境污染对大自然造成的威胁。

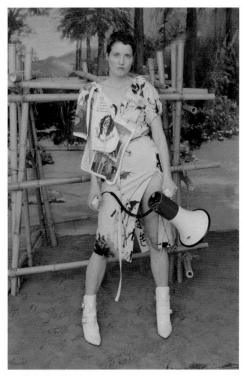

作为维维安·韦斯特伍德的丈夫，安德烈亚斯·科隆撒尔（Andreas Kronthaler）除了对原有品牌的设计开发，还另外开辟了一个产品线。对于2020年秋冬系列，科隆撒尔描述："这是关于春天的仪式，善与恶，冲突，善战胜恶。"这场发布会在法国历史上著名政治家罗伯斯庇尔的被害地巴黎市政厅（Hôtel de Ville）举行，作品中出现大量法国元素，如超大廓形的宫廷裙撑结构、公爵夫人紧身胸衣、三色国旗、法国大革命时期的农妇形象等，为了表现主题还以匕首作为配饰装饰在腰间。在设计上，依然沿用维斯特伍德擅长的缠绕、披挂等解构主义手法，突出冲撞和对比效果。右下图这款曳地婚纱设计是整场系列的压轴之作。设计师使用了常规的透明蕾丝面料，但在款式设计上大胆突破传统思维，两种白色蕾丝构建了带有宫廷服饰特征的婚纱廓形，而搭配紧身胸衣则显得独具匠心，形成了内衣外穿形式。胸部透视结构处理和腰间的匕首装饰都吻合了品牌所倡导的朋克文化。整款设计将传统与现代、正统与叛逆进行了有机的结合。

山本耀司｜Yohji Yamamoto

时装品牌档案

山本耀司在其近40年的设计生涯中一直在探索人与材质的空间关系，尝试设计思维的突破，解构主义是其最主要的设计思想。山本耀司（Yohji Yamamoto）2020年春夏系列，作品仍然延续山本耀司一贯的思路，随意的披挂、悬垂、折捏、缠绕、抽褶等，流露出东方的哲学思想。同时作品中还融入了诸多西方元素，如涂鸦、露胸、收腰结构、典型的晚装和A形连衣裙等，山本耀司擅长将东西方文化融合。纵然整个系列以暗黑色调为主，但山本耀司通过松软的廓形、律动感的条带、流动的裙摆线条等使设计颇具诗意。左下图这件长款裙装设计秉承山本耀司常见的设计理念，是解构思维与年轻文化的有机结合。经过立裁技术的折叠和组合，衣身产生了不同形状的曲面，而这些曲面相互间形

成了大小、高低、松紧等关系，带来错落有致的美感。彩虹色涂鸦表现的是花花草草，线条自由不羁，运用于布料之后，画作随着布料的起伏也呈现出律动感。整体上，看似无序实则蕴藏着内在规律。

山本耀司2020年秋冬系列关键词：紧身胸衣和裙撑，山本耀司解释："我想在21世纪与19世纪争夺时尚。"在品牌既往的暗黑解构风貌中，出现了历史上欧洲宫廷服饰紧身胸衣、克利诺林裙撑等诸多元素，因采用这些元素而带来了变化，山本耀司调整了它们的功能和形式以适应他的系列廓形需要，所以整场系列设计效果不同于以往。设计中不乏闪光点，如巧妙运用于门襟和各部位装饰的抽带结构、随意放置的似拉夫领的造型、特地设计的毛边或镂空的外套。延续上季设计，本季继续运用涂鸦手法，抽象笔触将羽绒被变身为前卫时尚单品。此外大量褶皱和荷叶边

的设计传达出带有朋克风格的浪漫气息。上图这款设计的上装部分采用传统西装结构，大翻领造型似乎在刻意强调20世纪80年代女性强势造型的回归，而衣身采用撕破的镂空处理并呈有规律的排列，这明显受到了朋克风格的影响。裙身部分运用叠、褶、捏等工艺，呈现不规则的结构，属于典型的山本耀司设计特征。本款设计在山本耀司品牌既有的风格中融入了传统欧洲宫廷服饰元素，在紧身胸衣和裙撑概念下使整体造型产生强烈对比，这已不是山本耀司第一次将东西方文化糅合在一起了。

2

伦敦篇

贝达弗｜Belstaff

时装品牌档案

　　作为以摩托赛车服为特色的品牌，机车夹克、皮革、帅气、年轻均是其设计关键词，左下图这款贝达弗（Belstaff）2007 年秋冬的设计即是体现。这套服装整体廓形紧窄，修身剪裁的皮质连身短裙和皮裤突显女性的曲线与性感，裙身上的装饰拉链和领部的项圈设计采用金属材质，这一材质的使用使设计既前卫时尚，又突出浓郁的朋克风，搭配黑底白色滚边合体西服外套，既干练又不乏女人味。面料质感的对比，也是这套服装的亮点之一：外套的亚光柔软质感体现了女性的高雅与质朴，而具有光泽感的皮革则略显粗犷与冷峻。

　　作为年轻设计师，马丁·库珀（Martin Cooper）一直遵循着贝达弗品牌设计理念，并不断拓展新元素。2014 年秋冬，马丁受到了 20 世纪 70 年代末英国中部和北部严峻的后工业时代影响，添加了吸血鬼元素，体现了黑暗、功利、雌雄同体的情绪。他将来自军用品商店和二手商店的飞行夹克、旧皮革、油布、军用外套、复古格纹夹克、方格呢短裙、朋克套头衫等进行组合搭配，不是以特别性感的方式，但更多体现了女性主导地位的形象。右下图这款服装展现了设计师独具匠心的构思。肩线下落、翻领超宽、衣长过膝，看似风衣结构，但金属扣细节和搭配的短靴昭示着这是一款加长版的摩托夹克，而这正是品牌的常用款式。同样超大的胸袋呈斜向设置，呈现出视觉的跳跃感。驼色的运用和搭配的超大机能手套都展现了军装风貌。

博柏利｜Burberry

时装品牌档案

由于脱离了欧盟，2019年对英国而言是个特殊时期，博柏利（Burberry）品牌的创意总监卡尔多·蒂希（Riccardo Tisci）将为品牌设计的第二个系列命名为"大风暴"，该命名暗喻了他想呈现的时尚。蒂希对英国街头文化和20世纪90年代音乐及俱乐部文化甚是怀念，尤其是当时风靡时装界的垃圾摇滚文化（Grunge）是其表现重点。系列中有维维安·韦斯特伍德（Vivienne Westwood）式的紧身上衣作为外衣搭配在马球衫、弹力自行车裙或运动裤上，有男式飞行夹克、连衣裙和外套被嵌入了看起来像啤酒瓶的顶部，有将男式双排扣大衣结合吊带裙的设计，有将机车夹克与品牌标志性的风衣混搭，有闪亮流苏装饰的连衣裙，蒂希运用混搭形式淋漓尽致地诠释了他的街头时尚理念。右上图这款有挖洞设计的白色短T恤外搭黑色紧身胸衣，下配及膝裙，光泽将整款设计串联，尤其是胸衣结构线装饰了水晶，营造出光芒四射的摇滚效果。整体上基于朋克风格着装理念，虽然各个品类、具体造型、款式细节，还是各自风格都互不相关，但混搭重组后呈现出全新的形象，这就是典型的垃圾摇滚风格的表现。

自从蒂希入主博柏利以来，该品牌风格变得更加多样化，更受年轻人的欢迎，究其原因包括：设计融入了更多的意大利文化使品牌更为性感、蒂希加入了他在之前纪梵希（Givenchy）品牌掌握的平面制版和立裁技术，且对面料的混搭游刃有余。在2020年春夏系列中，品牌经典的风衣形式还在，只是表现手法趋于多样化，有多色拼布与印花材质的拼接，有衣长拖地的裙装，有袖肩部的裂口处理，有水晶和金属装饰。博柏利品牌创始人来自维多利亚时代，所以本季有多款维多利亚风格的套装和裙装，而蒂希又在造型和色彩方面融入些许哥特元素，因为他钟情于这种风格的表现。右下图这款作品造型呈A字形，突出女性曲线。紧身胸衣结构连衣裙由三种质地差异较大的面料（蕾丝、皮革和华达呢）组成，肌理效果丰富且充满对比。蒂希采用解构手法将风衣以裙装形式置于侧面，长度及踝。本款搭配的遮眼帽带有军装元素，隐约流露出神秘、冷酷的氛围，这就是蒂希所希望达到的朋克氛围。

克里斯托弗 · 凯恩｜Christopher Kane

时装品牌档案

　　花的元素是克里斯托弗 · 凯恩（Christopher Kane）最擅长使用的，他认为花最能表现女性的精致和美丽。2014 年春夏，他在整场时装设计上设置了"无菌花瓣"的网眼刺绣裁剪、花朵轮廓、光合作用的灵感、生物学中传粉的图案等。凯恩在本季的设计中，突出强调了花朵的再生能力——与女性的必然联系。左下图这款采用当季流行的材质——透明薄纱设计的吊带衫配长裙，廓形自然，图案占据视觉的重要位置。黑纱拼贴的箭头图案代表生物学中描述的光合作用吸收二氧化碳释放氧气的过程，在上装的箭头图案呈横向的阴阳排列，而裙装的箭头则向上设置，排列规整，箭头优美而富于韵律感。视觉焦点在裙的装饰上，鲜花蔓延盛开，细致到独具特色的花朵内部结构——镶嵌出花蕊，以生物解剖学的概念引出本季"科学和医学"的主题。凯恩曾说："我从来不喜欢和别人做一样的事情"，他的设计的确独一无二，无愧为伦敦先锋派设计代表。

　　对于时装设计，克里斯托弗 · 凯恩有一套独特的构思方法。2020 年秋冬系列，凯恩青睐于几何形状和形式，他说："这一季，一切都变成了三角形，"他认为三角形是自然界中最强大的形状，于是将性、颠覆、时尚三者关系以三角形的形式呈现在秀场上，表现在大廓形外套、连衣裙、毛衫、衬衫、黑色蕾丝内衣上衣，甚至蝴蝶结上，手法包括外轮廓、下摆造型、图案、镂空、拼接。右下图这款连衣裙在结构上构思独特，圆领、长袖、长裙，款式没有过多的裸露，材质以蕾丝为主，三种不同质地的黑色组成充满神秘气氛的调子。胸前结构完全颠覆传统设计的形式，两片蕾丝面料以倒三角形式呈现在胸前，裸露的肌肤在视觉上成为焦点，与蕾丝所产生的透视效果提升了设计的女性化特质。

大卫·科马 | David Koma

从毕业秀到 2011 年的秋冬秀，大卫·科马（David Koma）的作品日趋成熟。这一季大卫·科马从波点女王日本艺术家草间弥生身上获得灵感，他把这位艺术大师的波点运用到了紧身裙上，塑造出一种现代却女性化的形象。在那些多种多样的圆形图案中，有绣在球衣上的漆皮光盘，有镂空的大小圆形，有或密集或疏松的圆点集合。右上图这款黑底裙集中了他这一季所有的设计亮点，波点在上衣、袖子、裙子上采用了一种有条理的方式分布，从前部的大圆点到袖子上的镂空圆点，从上衣的规则圆点到裙装上的渐变圆点。裙装还结合了俄国当代艺术摄影师欧列格·杜（Oleg Dou）的照片，圆点中的隐约可见人像显出超现实主义的成分。草间弥生的惯用色也被设计师信手拈来，黄色的狐皮毛领绝对是点睛之笔，无论是对提亮整体服装的色调，还是与裙装上的亮蓝色、黄色对比和呼应，都显得精妙绝伦。

在时装界还能继续被称为新秀的大卫·科马一直保持着旺盛的设计能力，每一季都能看到他的新点子，他并不拘泥于成为"明星杀手"的那些紧身款，不断创新才能吸引更多的关注，大卫·科马深谙此道。在 2014 年春夏系列中，他把目光投向了古老的日本弓道，这季设计包括多层黑白丝绸、带有皮革缝缀的领口、不对称褶边和甲胄，虽然很容易让人联想到小说《格雷的五十道阴影》（Fifty Shades of Grey）里面的捆绑，但这两者并不一样。右下图这款色彩清新的吊带裙运用了此前流行的装饰艺术风格（Art Deco，即迪考风格）的几何图形，将规律的条状和大色块予以巧妙分布。条带的运用在整款设计中特别显眼，白色条带起连接作用。它呈现出直向、斜向、横向分割，各种分割干净利落，既是功能线，又是优美的装饰线。作品融合了弓道服装中甲胄的元素，斜向的条带结构设计使腰显得更细。色彩上，水蓝色和宝蓝色虽属同一色系，但明度对比鲜明。蓝色的凉鞋也统一在条带的设计中，上下呼应。

加勒斯·普 | Gareth Pugh

加勒斯·普（Gareth Pugh）的设计向来以"毫无意义的荒谬外形，可穿着的雕塑"为特征，印花和图案元素极少，但是在近些年的发布会中逐渐融入了浪漫的色彩，2014年春夏秀中，他依然打破了自己全黑的色彩喜好。加勒斯·普这次的系列主要受到电影《日落大道》和《安然无恙》的影响，整体设计线条看起来更加柔和。左下图中款式为绿松石色的拖裾斜裁丝质长裙，上配不对称白色丝质短袖外套，坚挺的廓形有日本和服的影子，面料堆叠的硕大领子像雕琢的玉器，斜向的下摆线条配合领型结构，剪裁干净利落。整体色调非常和谐，模特的妆容也与服装色调相呼应。柔美、夸张、诡异、风骚，这些截然不同的元素混合在加勒斯·普的设计中，充满了丰富而矛盾对立的视觉效果。

加勒斯·普多才多艺，除了时装领域他还涉足舞台服装，在巴黎加涅尔宫上演的歌剧《埃利奥加巴洛》中有60套演出服装就来自于他的设计。这部歌剧也成为加勒斯·普品牌2017年春夏设计的灵感，整场作品造型夸张，充满戏剧感。加勒斯·普擅长非常规的思维设计，此次大量采用黄金色几何造型片镶嵌在衣料上组成的不同图案，装饰衣领、胸前、袖口、袖身或下摆，甚至构建整款服装。右下图这款服装的廓形上宽下窄，肩部超大造型明显带有巫师服饰特征，收腰上装搭配紧身热裤。硕大无比的太阳光圆形背饰带有装置艺术特点，突显原始宗教气息。整款设计重点是条纹的排列方向，黑白相间的太阳光图案因大小不同而富有韵律的节奏美感。

约翰森·桑德斯 | Jonathan Saunders

时装品牌档案

　　2011 年春夏，约翰森·桑德斯（Jonathan Saunders）以 20 世纪四五十年代著名的时尚摄影师欧文·布鲁门菲尔德（Erwin Blumenfeld）的作品为灵感，运用自己擅长的印花与色彩搭配，将亮橙、淡蓝、翠绿、明黄等亮色巧妙地穿插在白色、裸色之中。桑德斯还选择了泼墨式的印花图案，通过色彩的巧妙组合，让看似简单的图案呈现出丰富的质感。左下图中这款抹胸款修身铅笔连衣裙，设计师特地选择了合体紧身廓形和高腰结构，修饰出更加完美的身材比例。上装的印花图案与裙装的醒目色块形成疏密对比。裙装的色彩是一大特色，浅蓝灰色占据大部分比例，高纯度的翠绿和橘红色一上一下，既有对比效果，又各具特色，米色则在整体效果中起到调和作用。模特梳着标准的马尾辫，染着红唇，透出清新亮丽的现代女性气息。

　　2014 年春夏，桑德斯在设计中融入了 20 世纪 70 年代休闲运动风尚，当然呈现更多的是属于桑德斯的一种真正的时髦：不刻意打扮、不追求一丝不苟，标准的简约时髦（Easy Chic）——宽松的运动外套搭配短裤或运动裤。右下图中这套服装，桑德斯将 20 世纪 70 年代风格的衬衫与运动短外套、西式短裤搭配。透明硬纱表面绣着各类花型，写实的花朵与大色块相交融。色彩方面，设计师采用不寻常的色彩混合——冰蓝色、灰蓝色、米黄色、绿色、紫红色……从中可体味出多组色相的对比，这也是桑德斯所热衷的设计手段之一。

荷兰屋｜House of Holland

荷兰屋（House of Holland）2017年秋冬设计源于品牌持有者兼创意总监享利·荷兰（Henry Holland）在美国进行的一次公路旅行，整场秀中美国元素随处可见，包括构成牛仔装束的短夹克、牛仔帽、超大裤脚的喇叭裤，以及美国星条旗元素（造型和色彩）等，享利在设计上融入了都市嬉皮文化，如流苏装饰、面料拼接、色彩对比而具跳跃感。其它一些单品设计也具亮点，如色彩鲜艳的西式连衣裙、醒目的格子图案针织衫、造型丰满的羊毛衫、超大的压花天鹅绒绗缝外套等。秀场尾端的三件礼服设计颇有新意，绿色、紫色和勃艮第红色的裙子，面料外搭配蜘蛛网花边，不对称结构线装饰流苏，着实可爱。左图中这套作品外套修长合体，门襟采用弧线设计并以抽带系结，内搭修身牛仔裤，裤脚口自膝盖处呈超大喇叭状结构，并将面料正反面混合使用。外套图案在造型和色彩上带有波普风格，橘色与蓝色属对比色，复杂的上装图案与单色裤装又形成对比，外加鞋的黄色作点缀，整套服装显得异常欢快，令人愉悦。

"她是一位全球探险家，一位非常强硬的女人，她对世界的现状非常恼火，随时准备掌控局面"，这是享利对荷兰屋2019年秋冬设计灵感的描述，所以秀场上有诸多表现粗犷和力量的元素，如男西装、牛仔装束、宽肩落袖结构、军装风格背心、贝雷帽等，显得十分帅气和干练。同时，结合系列主题、体现东西方交融的细节也是表现重点，从中式立领、斜门襟和盘扣到日本和服的宽腰带系结形式，以及受到墨西哥和柬埔寨印染技艺影响的纺织品，它们均用于风衣、外套、连衣裙、针织物和长裤设计上。右页图中这款套装由针织衫和牛仔裤装组成。针织衫采用了扎染工艺，带有民族风情。有别于享利以往的设计手法，裤装突出了解构风格，宽大的臀部侧面与另一侧的系结设计形成独具特色的廓形结构，复杂的表面结构与紧身的上装形成了对比。在色彩上，以湖蓝、靛蓝构成了整款蓝色调，上装由于嫩黄的加入而趋活跃，同时也构成色相上的对比。搭配毛皮贝雷帽，黑白两色的晕染效果与上装的扎染相呼应。

朱利安·麦克唐纳 | Julien Macdonald

朱利安·麦克唐纳（Julien Macdonald）擅长性感和浪漫风格的表达，这已成为他的标签，而2012年春夏系列则展示出麦克唐纳的奢华作派：高科技的纤维眼镜、皮革、似蒙特卡洛游艇上的镀铬装饰，他将此次系列称为"现代主义的魅力"。下图这款作品经由设计师的精心雕琢，透明的薄纱曳地长裙，盘绕着华丽精致、极具艺术欣赏价值的玻璃纤维刺绣，精致的龙型刺绣带有浓浓的东方风情。刺绣装饰自然覆盖，繁复与简洁、厚重与轻薄形成强烈反差，至此古典与现代得到完美结合。在色彩上，设计师选用了亚光银和黄色搭配，展露出炫目的奢华之风。腰间的金属腰带有工业化的意蕴，诠释了设计师的现代主义设计方向。

性感似乎是时装界永恒的话题，自从罗伯特·卡沃利（Roberto Cavalli）退出时尚圈以来，在设计上继续走性感路线的除了巴尔曼（Balmain）和范思哲（Versace）两大品牌外，朱利安·麦克唐纳也称得上最具影响力的设计师之一。2020年春夏系列的关键词是"透视"，在麦克唐纳最擅长的针织设计作品中，通过工艺技术展现不同的透视纹理效果，并在人体不同部位分布和排列呈现。麦克唐纳在紧身款式设计上还融合了不同材质进行搭配，如羽毛、流苏和珠子，更显

女性的性感和妩媚。上图这款超短裙装造型紧身合体，全身织物由于组织结构的不同，在胸前、腰侧、腹股沟、腿部和袖口呈现不同的几何图形，展现出不同的透视效果。袖口和裙摆以飘逸的流苏装饰，契合当季盛行的浪漫风，而淡雅的色调使整款设计更具特色。

马里奥 · 施瓦博｜Marios Schwab

时装品牌档案

　　潜伏在马里奥 · 施瓦博（Marios Schwab）身上的对时装艺术的探索追求，在 2010 年春夏秀上再次展露无遗。这一季，他的作品旨在寻找"诠释波希米亚服饰的新方法"，这意味着他必须要挑战自己，抛弃那些充分结合人体结构的合体紧身裙装。左下图中是一款简洁的连衣裙款式，这算是施瓦博作品的例外，无论是茧形廓形，还是内部处理的结构都不具有代表性。施瓦博尝试以薄纱在腰间打褶裥并缠绕，褶量和间隔呈渐变效果，视觉上产生节奏感。运用质料覆盖在臀侧使臀部鼓起，下身造型呈束状的奇特效果，膨胀飘逸的纱裙全无施瓦博惯有的对完美人体的膜拜感。与舒缓起伏的下身相比，平整的镂空上装，质料硬挺，对比鲜明，这就是施瓦博所要打造的富有波希米亚情调的设计师自己的语汇。

　　2014 年春夏作品被施瓦博称为"勾画轮廓（Contours）"，设计师继续探索突出女性体型的新途径。施瓦博尝试在设计中运用印染手法，并尝试能表现女性运动的曲线效果。此外，施瓦博还使用皮带和系带，甚至背包背带塑造形体，当然，紧身胸衣效果也在此列。右下图中的设计正是施瓦博构思的完美体现，及踝紧身连衣裙结构极简，透视的纱质隐约显出人体曲线，而最为夸张的是覆盖在面料表面的人体骨骼图案，这强烈的视觉冲击效果构成了本款的设计中心，设计师有意通过与底层材质在质地和色彩上的差异来突显效果。图案处理更为出彩，设计师有意摒弃传统的写实手法，而以意象形式表达，看似随意，实则精准。独特的思维方式造就了新一代的设计才俊，马里奥 · 施瓦博即是例证。

玛丽 · 卡特兰佐 | Mary Katrantzou

时装品牌档案

2013 年秋冬，玛丽 · 卡特兰佐（Mary Katrantzou）表示，为了让自己的作品保持较高的水准，她远离了曾经令自己在时尚界的地位扶摇直上的缤纷配色和印花，转而将注意力放在服装的廓形方面。在这季设计中，20 世纪早期美国摄影艺术家爱德华（Edward Steichen）和阿尔弗雷德（Alfred Stieglitz）带有印象派绘画风格的黑白影像效果被移到了玛丽的作品中，廓形也极富变化。左下图中裙装造型借鉴了日本武士的服装，宽大的袖型，侧间张开的圆弧形下摆呈不规则的分层斜向结构，上下造型统一。服装上月夜风情的图案用幽暗的黑白色来表达，有着浓郁的伤感情绪。不过，所有图像都笼罩在夸张的廓形中，硬挺的材质撑出建筑感的廓形或许能使思绪重返现实之中。

2019 年，在玛丽 · 卡特兰佐十周年纪念的春夏系列中，玛丽称之为"关于收藏品的系列"，她以邮票、钞票、纹章刺绣、徽章、内饰、艺术品、花园、昆虫等作为灵感，从另一视角探寻时装的设计表现。玛丽尝试了视幻艺术风格，在邮票主题的系列中，邮票元素经过叠加和重组产生了视觉上的流动效果。此外，几款以蝴蝶或花卉标本为印花图案的裙装，其标本尺寸经过渐变被设计成向腰线、肩膀或领部收缩，也运用了视幻艺术手法。在最后的礼服系列图像运用上，可以明显体会到超现实主义的手法。右下图这款作品有别于常规设计。帐篷形白色薄纱裙上衬黑色网纱，服装表面产生了独特的肌理效果。外搭透明的充气披肩，内藏花卉装饰。就款式而言，这是典型的婚纱设计，但玛丽独辟蹊径，将作品带入了超现实主义意境中。

保罗·史密斯 | Paul Smith

时装品牌档案

　　时装与绘画紧密相连，20 世纪伟大的设计师伊尔莎·斯奇培尔莉（Elsa Schiaparelli）和伊夫·圣·罗兰（Yves Saint Laurent）都曾在设计中尝试过。保罗·史密斯（Paul Smith）2017 年春夏系列设计也是如此，其灵感来自瑞典著名抽象画家希尔玛·阿芙·克林特（Hilma af Klint）的作品。该作品最具代表性的是融合了几何形状和具有装饰性的符号，保罗·史密斯将其与雏菊和其它花卉图案结合，通过数码印花、手绘等手法运用于设计中。花卉图案包括具象和抽象形式，甚至以布条组成花卉图案作为点缀装饰于领口。整场造型柔和，有多款配宽腰带或门襟系结的作品，设计师钟爱的泡泡纱、棉绸等舒适的材质成为主角，无论是菊花连衣裙、条纹连衣衫裙，还是宽袖罩衫，本季作品在造型上都延续了品牌一贯的设计风格，聚焦于度假和户外休闲生活。左下这款连衣裙廓形线条自然，合乎保罗·史密斯的时装设计理念。中领、无袖、下摆稍宽，只有胸前五彩的手绘线描风格花卉透出芳香。没有矫饰和做作，更多是内敛和高雅，这就是保罗·史密斯品牌精髓。

　　早在 20 世纪 70 年代，从事男装生意的保罗·史密斯就从纽约买了很多老式夏威夷衬衫带回他在诺丁汉的店里销售，有些没卖出去的衬衫就留在品牌档案馆里，直到被发掘出来成为 2018 年春夏系列纹样的灵感来源。其中的图案包括月光下的天堂岛美景、由珊瑚和金枪鱼构成的海底世界，这些图案不只局限于衬衫，而且还出现在涂层防撕裂的派克大衣、女式包裹丝绸连衣裙、男士印花长裤、帆布夹克、提花夹克、提花棒球服、针织 T 恤、针织毛衣、领带、手提包等品类上，其图案也被用作黑色丝绸连衣裙上蕾丝镶嵌物的轮廓，以及连衣裙抽纱工艺结构上。右下图这款男装由传统三件套款式构成，但图案和色彩运用使设计呈现出浓郁的夏威夷风情，珊瑚、海鱼、海草构成了衬衫的印花主题，写实的画法使设计更具亲和力。本款色彩搭配是重点，玫红、橘红和橘黄纯度均高，三色组成的暖色调与同样高饱和度的蓝色形成冷暖对比，具有浓重而热烈的效果。

彼得·皮洛托 | Peter Pilotto

时装品牌档案

彼得·皮洛托（Peter Pilotto）2018 年春夏系列主题关于自然界的丛林植物源自两位设计师的一次日本冲绳之旅，他们被郁郁葱葱的植被和色彩所吸引，成为本系列的灵感来源。作为以图案为主打的品牌，多姿多彩的丛林印花图案被置于各类裙装的醒目部位，不同色调的印花图案争奇斗艳，而粗细不一的条纹和格纹则被运用于不同的排列组合形式塑造出独具魅力的韵律感，整场系列洋溢着浓浓的 20 世纪 70 年代风尚。色彩也具特色，粉色调占据主流，清新淡雅的薄荷色、薰衣草色、天蓝色、淡紫色、嫩黄色等色彩弥漫在 T 台上，所以设计师将此系列命名为"迷雾粉彩"，配上飘逸浪漫的裙装设计，非常适合户外度假生活。此外还有几款粉调运动风夹克、T 恤和裤装设计，带有彼得·皮洛托品牌烙印。右上图这款设计条纹的运用是关键点。短款系结上装修身合体，面料条纹顺应款式结构呈斜向对称分布，袖身条纹因斜向交叉排列而独具特色。裙装部分采用不对称结构，使条纹自由分布，产生密集而错落有致的视觉效果。上下装色调呈冷暖对比，这也是本款设计的表现之一。

彼得·皮洛托 2019 年秋冬秀场设在一家图书馆内，这似乎与品牌所探究的内容有关，图书馆与高雅、内敛的格调相吻合，带有英国服饰文化痕迹的西式套装、工装裤、格子料、风衣等单品是设计表现重点。本季两位设计师在匈牙利著名陶瓷品牌若诺伊（Zsolnay）的作品中找到了灵感，这些花卉图案带有令人眩晕的光泽，让人联想起 20 世纪 70 年代末的壁纸。此外，他们还参考了一些关于室内设计的资料，在秀场上表现为镶色滚边、腰带、花式织锦等睡衣元素随处可见，一套布满流苏并有斑驳红色的天鹅绒睡衣式套装，与豪华场地的窗帘相得益彰。右下图这款连衣裙汲取了英国绅士的着装形式，宽肩、收腰、宽下摆，廓形似燕尾服。但在具体细节处理上则融入了女性化元素，无论是外向的肩部造型，还是过膝的裙摆结构，均以柔软的荷叶状线条形式表现。

普瑞恩｜Preen

时装品牌档案

普瑞恩（Preen）品牌的设计师夫妇在英国北方曾经历20世纪八九十年代的锐舞时代，为了2019年秋冬秀场，他们租了一个伦敦南部的仓库，并把它漆成当时传奇的曼彻斯特The Hacienda夜总会的路标图形。这是一场关于英国乡村舞蹈的灵感秀，服饰至少可以追溯到19世纪的木屐工人鞋，还包括五月柱舞、莫里斯舞、苏格兰卷轴舞和其它形式的英国传统乡村舞蹈服装，同时，维多利亚时代的衬裙、方格呢裙和莫里斯男装等元素也融入其中。秀的后半段还出现了迷你风格的派对装，这种蓬松袖连衣裙是伦敦女孩在20世纪80年代早期参加俱乐部派对时穿的，如右上图这款超短裙设计。上身胸前是设计重点，透明蕾丝的运用使设计趋于性感，外加灵感来源于五月柱舞或莫里斯舞服饰的黑色交叉结构和亮钻装饰，款式新颖而前卫。搭配的渔网丝袜更加强调了本款的设计风格。

2019年这对设计师夫妇赴意大利威尼斯参观了威尼斯艺术双年展，展品中有关灿烂辉煌的文艺复兴文化和威尼斯元素吸引了他们，回家后又看了1973年拍摄的以威尼斯为场景的恐怖心理惊悚片《不要看现在》，这些促成了2020年秋冬系列设计。以影片主角服装为灵感的设计包括粗花呢西装和领带、20世纪70年代的宽领剪裁衬衫、人字呢外套等，设计师力图塑造带有20世纪70年代风格的中性形象。此外还有以威尼斯水纹为联想的卷曲的荷叶状结构或褶裥工艺的大摆裙，呈现出波西米亚风格特征。在细节处理上，金色材质和妆容、反映电影场景的宗教画马赛克处理图案、文艺复兴时期的蕾丝等都成为本系列的出彩部分。右下图这款是秀场第一款，灵感来源于电影中主角在修复威尼斯教堂时的穿着，由衬衫、大衣、九分阔腿裤和领带组成，款式基于传统男装款式，强调洗练的线条和简洁的廓形，衬衫领和宽口领构成的两层结构富有特色，以面料肌理和黑白灰层次彰显设计感。需要指出的是这些格子呢、人字呢布料本来会被扔进垃圾填埋场，而作为一家可持续设计公司，两位设计师专门回收并制作了此款，系列中的针织品也是用以回收的纱线制成的。

雪伦·沃可布｜Sharon Wauchob

时装品牌档案

经历很长一段时间在巴黎的生活、工作、作秀后，雪伦·沃可布（Sharon Wauchob）搬回了伦敦，2017 年春夏是她的新系列。作品以睡衣为灵感，包括白色滚边、光泽面料等，雪伦·沃可布将睡衣元素运用于束腰上衣、印花罩衫、绣花连衣裙、松身大袍、裤装，甚至风衣等品类，塑造出慵懒的都市女性形象。源于巴黎数年的时尚经历，设计师特别钟爱的法式蕾丝的运用是本场系列的另一看点。雪伦·沃可布也推出数款层叠结构的连衣裙，同样是松软的造型，由于面料的透视效果和花色质地，服装散发出淡淡的优雅和浪漫的巴黎气息。右上图这款设计由衬衫、风衣和裤装组成。基于睡衣灵感，这款超长款印花拼接衬衫在领、门襟、口袋和袖口边缘以白色面料进行滚边的处理，外搭典型的英伦风衣，袖身开洞露出荷叶状袖口，下着传统格纹西裤。毫无疑问，雪伦·沃可布以混搭设计理念，将传统、解构、慵懒、英伦风巧妙融合，并以一种有趣的方式呈现。

雪伦·沃可布向来不盲从于流行趋势，廓形和面料是其关注重点，2018 年春夏系列又增加了结构的研究，尤其是外套结构。在廓形上，此次有太多超大的大衣设计，也有腰部打褶，而在脚踝处形成收口，类似灯笼裤。在面料上，雪伦·沃可布尝试了用金色皱巴巴的衣料制作大衣，用带点透明的薄纱设计连衣裙，包括几款像点缀着睫毛般的连衣裙设计都颇具个性，此外，在面料表面绣花或者面料之间拼接处理也具看点。柔和自然的廓形是本季的主要表现，右下图这款设计就是例证。吊带式露胸结构连身超短裙线条自然，以弧形裁片组成两部分并向两侧展开，层叠的衣片造型由小变大，并顺着压褶纹理产生放射状的视觉效果。下着蕾丝中长直筒裙，表面装饰有驼鸟毛。这款设计异于本季系列的大部分款式，清新优雅，充满女性化情调，就设计而言，充分体现了雪伦·沃可布品牌理念。

理查德 · 马龙 ｜ Richard Malone

时装品牌档案

2019 年 秋 冬，设 计师理查德·马龙（Richard Malone）重温怀旧情感，将主题设定于驻足乡村街头聚会的美好时代，T 台上模特盛装出场，单品中设计师标志性的喇叭裤（本季膝盖处绑着朋克式的绑带）、裙装、再生有机棉运动衫，以及修身的连衣裙最为抢眼。左图这款连衣裙以弯曲、流动的线条赋予浪漫韵味，抽褶拼色由领口顺着胸前呈曲线状蜿蜒至膝盖而松散开。动感十足的抽褶线条，遍布袖子和前身。造型上，肩部圆浑，腰臀部修身合体，裙下摆张开呈喇叭状，伞状袖口与裙摆造型相呼应。色彩上，酒红色在暗红映衬下格外醒目。由于色彩配置和款式结构呈不对称效果，袖侧和前身的酒红色镶拼料、发型、耳环和裙摆的处理在整体上构成了视觉的平衡效果。

理查德·马龙 2020 年秋冬设计延续之前飘逸的另类浪漫风格，曲线造型结构贯穿整个系列，细密自由的抽褶、喇叭状造型俨然成为品牌辨识度极高的元素。右页图中这款造型奇特的连衣裙，以抽褶作为设计的主要手段，扭曲随意的右侧造型与硬朗合体的左侧造型形成强烈反差，不规整、不对称的衣片造型既构建出雕塑感的体块效果，又不乏随意轻盈的特征。设计师巧妙地将服装左右片连接处设置于偏左，以平衡整体的不对称效果。在色彩上，军绿色裙子与搭配的蓝绿色中靴一并带出一丝中性风格。

3

米兰篇

阿尔伯特·菲尔蒂｜Alberta Ferretti

充满谜一般色彩的海底世界向来令人神往，众多时装设计师曾以此为主题设计了无数不同风格的作品。2013年春夏，以红毯礼服著称的意大利设计师阿尔伯特·菲尔蒂（Alberta Ferretti）也涉足了这一主题。菲尔蒂在材质表现上结合了多种手法进行设计：为了表现波光粼粼的流动效果而选择了能展现银莲花般光带效果的发光薄膜，以及具有光泽和飘逸感的绸缎、雪纺等；由海草造型构成的蕾丝被大量运用于裤腰、裙摆等处作装饰，轻薄材质有让海底生物隐约呈现的效果；欧根纱铺在淡蓝绿色调的钉珠连衣裙流苏上，华丽展现闪光和动感，让人联想到透过阳光照射的大海所产生的美景；珠片与各类材质结合，巧妙地设计了一簇簇的海藻状贴花装扮胸部和肩部，充分展现设计魅力。总体上，整个系列还是围绕品牌特质，即女性化和浪漫展开。右上图这款晚装设计展示了菲尔蒂的设计功力，连衣裙结构运用了不对称手法，上装部分露胸并呈单肩结构，以半透明蕾丝贴花构成；下装部分在腰间呈斜向分割，反向设置的肩带构成设计的焦点。由海草造型蕾丝和闪光缎构成的裙装，造型合体，裙尾拖地，宛如鱼美人再现。

菲尔蒂品牌的设计向来衣裙翩翩，飘飘欲仙，并融入波西米亚风情，2019年春夏秀场即如此。除了主打造型各异的雪纺连衣裙外，系列中还出现了牛仔夹克和斜纹棉布裤，甚至超短裙。的确，这位设计师也把设计视角投向了青年一代，她不仅仅为红毯礼服而准备，还在思考那些超模以及周遭人们平时穿什么，所以有了这季与以往迥然不同的风格和品类，像牛仔夹克、工作服、T恤、蕾丝迷彩服和吊带裙等。总体设计风格柔弱而慵懒，包括整场的柔和粉彩色调也特别的菲尔蒂化。右下图这款连衣长裙设计呈帐篷形，上装合体，下装宽松，由于选用了轻薄透视雪纺，走动时飘逸感十足，而这正是该品牌最鲜明的特色。条纹状粉色块分冷暖两大部分，由黄色、橘色、卡其绿色构成的暖色带形成粗细对比排列，增添了整款的律动美感。

安东尼奥 · 马拉斯 ｜ Antonio Marras

安东尼奥 · 马拉斯（Antonio Marras）在 2014 年春夏援引罗马诗人奥维德的《变形记》为本次时装秀作注解："我想探讨结构的多变造型，"表现在造型、裁剪技艺和面料运用这三方面。他创造性地开发了窗帘式褶裥这一造型，结合剪裁使款式独具时尚感。系列中泡泡衫、公爵夫人缎、网眼蕾丝、凸纹锦缎、全刺绣、手工花卉贴花薄纱等元素各领风骚，契合了他的设计主题。右上图这款构造复杂的设计由上衣和裙装组成，采用了蕾丝、透明黑纱、绸缎三种面料，分成三段的上衣设计，以透明黑纱作连接，在横向上形成强烈的韵律美。上部是连袖的披肩形式，宽袖结构。前胸透视，露出内衣肩带。下部是四块面料的组合：竖条纹面料、黑纱、本白色的窗帘式褶裥面料加上蕾丝打底，颇具民族感的叠褶设计与宫廷风格的蕾丝结合，裙装在黑纱上贴蕾丝，既古典又现代。整体色调明暗过渡自然，高贵的、艺术的、民俗的元素和谐统一在一起。

现代时装设计需要叙事性，引人入胜的故事才能打动消费者，使之成为品牌的忠实粉丝。安东尼奥 · 马拉斯对此很擅长，2018 年秋冬设计中，讲述的是一名 18 世纪安东尼奥家族成员，为了谋生准备去纽约，临行前去撒丁岛和当地一位美女进行的一段激烈恋情。安东尼奥 · 马拉斯对此设计了不同形象，如开始以红色丝绸斜纹上衣和一些精致的玫瑰花堆裙为基础，用一层层的不对称褶皱薄纱穿插，表现出少女的热情和奔放。中间部分以黑和灰色调为主，部分采用解构手法（前片脱离、袖肩处撕裂效果），呈现不完整状态，款式包括男式棒球衫、领口装饰有头像挂件的大衣，寓意与恋人悲伤离别。后半部分有穿着安东尼奥 · 马拉斯的学院风运动衫和一些美式元素的图案，色彩也变得明朗，预示到了纽约。安东尼奥 · 马拉斯品牌常用民族元素，如蕾丝夹克、镶钻贴花毛皮和提花结合外套、锦缎与毛料拼接西装等。右下图这款设计非常具有安东尼奥 · 马拉斯品牌精髓：民族性、装饰主义。超大黑白格子衬衫明显具有男装特点，前片以红色玫瑰刺绣和黑色蕾丝装饰，外加领部和肩部的镶钻金属点缀，使服装充满民族风情。整款采用不对称结构，中长的透明纱裙装饰了两层荷叶边，并与上衣左侧相连接，而衬衫右侧大面积的红色玫瑰刺绣和黑色蕾丝则起到了视觉平衡作用。

葆蝶家 | Bottega Veneta

时装品牌档案

2018 年 6 月，32 岁的丹尼尔·本（Daniel Lee）被任命为葆蝶家（Bottega Veneta）品牌的新创意总监，之后在米兰总部展示的一组初秋系列表明他非常熟悉该品牌设计理念，同时也展示了他在皮革方面的设计才能。2019 年秋冬季是丹尼尔加盟后的首秀，整场系列完全没有上任德国设计师托马斯·迈尔（Tomas Maier）的痕迹，更多的是年轻化和一些街头感。皮革和编织结构是该品牌的精髓，丹尼尔结合这些元素设计了多款裙子、外套、大衣、裤装等，他还尝试了各种皮革制作方法，尤其是用激光将其切割成小正方形并缝制成不同款式。针织衫是本场秀的另一个重要组成部分，有剪开锁骨露出领口呈现微妙性感的毛衣裙，还有一件黑色和白色的双层连衣裙，结构扭曲复杂。丹尼尔也展现了在剪裁方面的独特手法，右上图这款套装即是例证。紧身长外套下配小灯笼裤装，搭配结实的中靴，设计看似简洁，但细节与众不同：上装没有翻领而是在领口镶拼皮革，扣合的金色五金件构成了视觉中心。此外，袖身造型也不寻常，袖口处很窄，几乎是二维的，刚合乎手腕尺寸。这款设计仍然带有一丝品牌经典内涵，但不乏现代时尚感。

2020 年秋冬是丹尼尔作为创意总监为葆蝶家品牌所做的第三季系列。之前他囊括了伦敦四项时装大奖，作为一位新晋设计师受到关注不足为奇，而更令人赞誉的是此季作品，他也被认为是时尚界的 IT 先生，一位注重技术并热衷于新科技的时尚人士。本季系列有诸多科技体现，有一款高跟凉鞋，按照人体工程学原理运用 3D 打印机制作而成。他还改进了手袋的连接件，并设计了双面皮革包，透过空隙可以看到包内部的特殊工艺。整个系列围绕优雅和舒适展开，宽大和紧身廓形交替出现，极简的设计也是当季流行的反映。右下图这款套装廓形呈 O 形，设计简洁轻松，适合都市生活节奏。中长针织连衣裙采用密集的抽褶工艺，使服装呈橄榄形。外披同样宽松的短风衣，向外突出的袖身结构具独特效果，同时也使整款廓形更显圆弧状。

埃米利奥·璞琪｜Emilio Pucci

时装品牌档案

彼得·邓达斯（Peter Dundas）入主埃米利奥·璞琪（Emilio Pucci）品牌后，一贯的印花元素渐渐淡化，但在 2013 年秋冬季作品中，设计师又重新找回了品牌的金字招牌——印花。这一季作品灵感来自于安妮塔·帕伦伯格（Anita Pallenberg）、布里特·爱克兰（Britt Ekland）和安吉·鲍伊（Angie Bowie）等 20 世纪 60 年代末 70 年代初的摇滚女神形象，如长长的刘海和超短的裙子。右上图这套服装设计欢快热烈，面料和印花成为主打。夸张的蓝色羽毛装饰套衫蓬松而张扬，搭配粉蓝色调的印花热裤，上下装廓形合体紧凑。色彩上，相对于明度较高的蓝色，紫色的宽腰带沉稳而低调，配在一起也很和谐。超出常规的腰带宽度成为整款服装中的一个聚焦点，而用来平衡这套短打装的是那双漂亮的黑色过膝麂皮靴。

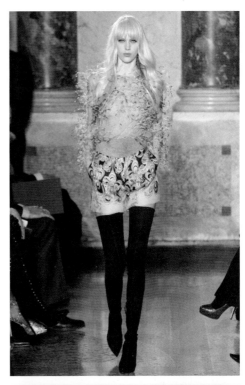

流行甚广的运动风作为各大时装品牌的主打风格已持续七八年，有趋弱之势。埃米利奥·璞琪本人是一位意大利具有传奇色彩的贵族，也是一名飞行员，20 世纪 60 年代，他将喷气式飞机的飞行理念运用于几何图案，形成了涡旋感的图案，极富动感，这也成为埃米利奥·璞琪设计总监克里斯泰勒（Chistelle Koché）在 2020 年秋冬季设计缘由。克里斯泰勒主推她擅长的标志性设计品类，将橄榄球、马球衫等运动服元素结合了日常穿着，羽毛被运用于外套、裙装和吊带装上，埃米利奥·璞琪品牌传统的高贵为前卫性感所取代，显得更年轻和富有活力。在图案运用上，克里斯泰勒不拘一格，在设计中融入了造型各异的纹样，既有抽象的几何图形、具象的植物花草，也有基于品牌历史底蕴的涡旋状纹样。右下图这款设计上紧下松造型呈 A 形，图案是整款的设计重点，几何型锯齿状纹样粗细不一，蓝、黑和褐三色的拼接使图案分布错落有致，冷暖对比以及黑白协调作用加强了配色的节奏感。蕾丝吊带短装巧妙地与连衣裙缝合，黑色将貌似杂乱的纹样在视觉上归于一统。设计师选用了飘逸的透视雪纺面料，外加极具视觉冲击力的纹样，使作品动感十足。

D 二次方｜Dsquared²

2019 年春夏，D 二次方（Dsquared²）品牌演绎了一季非常有趣的系列，此时正值运动风貌还未落潮，该品牌设计师将 20 世纪 90 年代早期奢华的镶拼运动装与军装、迪斯科元素混搭，令人耳目一新。拼接成为本季设计的重点并贯穿整个系列，军绿色、卡其色为拼接的主要色彩，与高纯度的橘色、高明度的粉绿成为对比色，极具跳动感。在夹克、裤装设计上运用了几何状色块组合，视觉冲击力强。另外，灵感来自降落伞的丝质长袍是整场的亮点，降落伞的抽褶、缎带元素也被运用于不同款式中，增添了运动效果。为配合主题，设计师还设计了运动风格的楔形鞋，活泼的色彩组合为设计增加了亮点。左图中这款设计灵感来自降落伞，廓形上紧下松，呈典型的伞状。模特内穿米色连衣裙，高腰系带，V 形领口两边和裙身布满碎褶裥，呈现出浓郁的女性化特征；外披短装，衣身合体而袖身宽松，受降落伞启发，采用拼接手法使卡其色、褐色、灰色互为衬托，以米白色带的滚边作为装饰。在内外风格、结构表现等方面，设计师运用对比、矛盾的设计手法形成冲撞的视觉效果。

近年来，中国主题再次在时装界兴起，2020 年春夏季 D 二次方也加入此列。不仅在秀场道上铺设了红毯，而且还设计了火红细高跟鞋。带有东方情调的灯笼裤搭配西方经典的紧身衣，显示出两种文化的再次碰撞。图案运用是本系列的最大特点，受中国文化启发，迷彩虎纹、鲜艳的孔雀羽毛纹样、写实的菊花造型等被运用于裙装、外套和裤装上，并与各类单品搭配。令人惊奇的是在世界上具影响力的李小龙的肖像也出现在 T 恤上，并搭配破洞牛仔裤或流苏牛仔热裤。设计师以年轻一代的视角看待李小龙，认为"李小龙在东西方之间架起了桥梁，在 20 世纪 70 年代至 80 年代，他是一个真正的流行文化偶像。"右页图中这款套装设计以混搭为理念，将东西方文化融于一体。内搭的西式经典紧身胸衣一反常见的淡雅色调，而采用浓烈的代表喜庆的中国红，构思独特。外套呈立领宽松造型，下身是锥形九分裤，两者均是黑底衬暖色调的孔雀纹样，并在袖口和裤脚口以红白条带镶边，整体上突显了东方情调。

艾巧｜Etro

　　艾巧（Etro）2018年秋冬系列被创意总监维罗妮卡·艾巧（Veronica Etro）描绘成"原汁原味的手工艺和严谨的后现代主义的一场对话。"本季，她开启了一次环球旅行模式，美洲大陆的秘鲁人、巴塔哥尼亚人和印第安的纳瓦霍人等民族服装中的几何形纹样成为设计重点，同时，同为几何形的埃及孟菲斯风格图案以及棋盘格图案也有表现，这些纹样与品牌惯用的涡旋状的佩兹利纹样结合在一起，如此对比强烈的图形构建成全新的万花筒式视觉形象。就具体款式而言，除了适合上班族的套装设计，维罗妮卡还设计了一系列廓形呈 O 形且带有波西米亚风格的连衣裙，毛毯外套、灯笼袖型、飘逸的材质，以及大量流苏的运用是其主要设计元素表现。艾巧品牌主推图案和民族风，右上图这款棕色调针织连衣裙充分体现了这一特色。整款服装基于秘鲁民族服饰图案，以不对称的形式在上身设计了斜向纹样的大翻领，带有波西米亚风格的裙身部分采用大裙摆的伞状结构，纹样以交叉形式构建，增加了视觉流动感。领边和裙摆处镶拼的黑白棋盘格与大身的几何纹样相得益彰，同时也具有画龙点睛的作用，而流苏的运用丰富了设计内涵。

　　艾巧品牌常年游弋于世界各地的民族文化之中，这是品牌吸引消费者的焦点。2020年秋冬季维罗妮卡设计视角移至了游牧部落，不同以往系列，此次没有确切的指向。不只停留于纹样，此次款式与纹样的结合成为设计的重点，其中以在常规呢料或提花织物设计的套装中融入民族元素为主要形式，或刺绣或花饰，适合都市上班族穿着。系列中其它款式也不逊色，如编织毛毯斗篷、松身印花雪纺长裙、流苏机织外套、丝绒花式长大衣、华丽的刺绣牛仔等，设计师将品牌基因——佩兹利纹样融入不同款式，使其更具魅力。秀场尾部的两个金色组合设计分外抢眼，点出了雍容华丽的民族风特质。右下图这款超长连衣裙设计在整场作品中非常醒目。肩部高耸外翘，外加收腰结构和宽裙摆，使整款呈 X 形，既有女性化的柔美，又不乏游牧部落的硬朗。深 V 领两侧、灯笼袖口、长腰带、裙摆等处均以繁花刺绣作装饰，这是设计中心所在。红色在绣花的映衬下更加夺目。

弗朗切斯科 · 斯科尼亚米利奥｜
Francesco Scognamiglio

弗朗切斯科·斯科尼亚米利奥（Francesco Scognamiglio）曾在大二时，作为他所就读的高级时装学院（Chambre Syndicale de la Haute Couture）的代表在家乡那不勒斯的法国沙龙发布作品，诠释了那不勒斯品味和服饰文化。在其 2017 年春夏高定系列中，具有那不勒斯特色的手工制作瓷玫瑰被装点在皮革超短裙上，开启了整个系列，弗朗切斯科说这些易碎的花蕾"代表了一个女人内心的脆弱"。大概在 1994 年，他在范思哲品牌工作时见过戴安娜王妃，本系列献给今年夏天将满 56 岁的已故戴妃。20 世纪 80 年代是戴妃万众瞩目的时期，她那优雅而硬朗的着装风格是世人模仿的对象，戴妃的穿着形象结合品牌风格造就了本系列。右上图这款设计汲取了戴妃的服饰特点，同时融入了设计师的审美喜好。上装采用燕尾服结构，长度齐腰，下摆呈弧线结构。肩部是 20 世纪 80 年代的重要设计特征，也是这款的表现重点，袖身通过褶裥处理使肩部造型高耸并向外隆起，整款呈典型的 V 字廓形。下着透视网状经编织物的合体长裙，上下装在造型上形成对比。灵感来自巴洛克风格雕带闪亮的水晶装饰是本款另一大特色，在胸前、腿侧和头部装饰，细节运用不落窠臼，呈现出前卫和叛逆感。黑白两色的对比运用，强化了视觉效果。

在 2018 年春夏高定季，弗朗切斯科将秀场从巴黎这一时尚永恒之地搬至罗马举办，除了品牌原有的戏剧性表现外，还洋溢着浓浓的地中海式的浪漫和性感元素，这些设计吸引了一众著名歌星的目光，包括碧昂丝、比·约克、麦当娜和尼基·米纳吉。作品灵感来自那不勒斯巴洛克式教堂华丽的雕带装饰和灰泥，这些雕带元素组成的不同图案形成了带有立体感的装饰效果，弗朗切斯科以华丽的施华洛世奇水晶来诠释。材质上，透视绉纱的大量运用突显出性感，并与水晶和羽毛穿插组合营造出华丽和狂野感。右下图是整场的首套设计作品。超宽的肩部、合体的大身呈现 T 字廓形，显示了力量感以及当代女性的独立特质。弗朗切斯科以非常规的 PVC 作主料，将毛皮作袖身并装饰领面，他以前卫的视角将毛皮和 PVC 这两种截然不同的材质糅合在一起，构思奇特。闪亮的水晶花形在腰间交叉，加上蜻蜓腰带作点缀，清新而浪漫。

乔治·阿玛尼｜Giorgio Armani

乔治·阿玛尼（Giorgio Armani）2019年春夏系列是关于海底世界的探索。开场部分选用一层层亮闪闪的银色半透明材质，之后亚光、反光、闪光等不同质感和视觉效果的材质纷纷登场，阿玛尼以此表现海底波光粼粼的场景。在色彩方面也如此，起初是烟熏般柔和的色彩，即阿玛尼擅长的灰色调，随着不同色彩（翠绿、松石绿、海蓝、玫红等）的加入，呈现出绚丽多姿的海洋世界。本季作品除了阿玛尼常规的套装款式外，还特别在胸前设计了诸如波状、层状造型结构，在腰侧加入薄纱，以塑造起伏的海浪效果。海草、贝壳、莲花等纹样的运用在系列中成为亮点，造型简单、视觉抽象的线条和格纹带有速度感，非常契合本季主题。右上图这款作品大翻领长风衣采用光泽材质，造型宽松。内搭合身齐膝的连衣裙，胸前装饰有粉红色镶边的荷叶立体造型，体现了阿玛尼对色彩和质感结合的探索。配饰方面，蓬乱无序的拉斐尔前派风格发型、鳞片状耳环和光滑闪亮的PVC鞋面呈现出超凡脱俗的感觉。

2020年，当新冠疫情在意大利肆虐时，作为意大利时装界代表性人物，阿玛尼是2021年米兰春夏时装周上第一个采用没有现场观众进行作品发布的设计师。疫情期间，阿玛尼花了大量时间观察研究人们的日常行为，对于疫情后的女性穿着，他认为她们仍然关心自己的外表是否好看，是否感到舒适和自信，但由于经历了这场特殊时期，她们对美的渴望和追求将被重塑。本季系列中，日装廓形柔和，体现出休闲感；裙装设计运用了细密褶裥，使作品带有慵懒的睡衣般效果；而晚装部分则突出肩部造型，那是品牌经久不衰的常规设计。整场作品以阿玛尼式的灰色调贯穿始终，体现了设计师关于"时装在于创造出永恒"的经典思考。右下图这款宽肩短夹克套装呈V字外轮廓造型，圆润的肩部和收腰造型使作品更具柔美和女性意味，而拉链的运用和与裤装的搭配则流露出干练和自信，这些细节使作品区别于阿玛尼经典的20世纪80年代风格的套装设计。黑灰色几何图案显得别致，从中可以感受都市女性的风采。

古驰 | Gucci

在 2014 年春夏设计中，刚刚生完小孩的时任设计总监吉安尼尼结合自身希望能恢复身材，因而热衷于锻炼的感受把古驰（Gucci）品牌带向了运动风格，单品包括网眼 T 恤、篮球短裤、田径裤和暴露的三角形文胸。整个系列在改良过的运动风格中还加入了一些街头正在流行的元素，使古驰呈现出不一般的时尚感。当然，古驰的运动风也是非常奢华的，网眼 T 恤用的是激光切割的山羊皮，另一件大号 T 恤则采用了特殊处理的皮革。右上图这款设计宽大的羊毛外套搭配网眼文胸和锥形裤，形成视觉对比。与运动主题相对应的是外套图案，吉安尼尼在艺术家艾尔特（Erté）的新艺术风格插画中找到灵感，巨大的、卷曲的花朵图案以金银线制成，看起来几乎在发着微光。突出运动主题的还有透视 T 恤、三角形的文胸，规整的黑色镶边，带有明显的装饰艺术风格，并与外套的粗黑色镶边相呼应，古罗马风格的绑带鞋带着几分另类的性感。虽然略带颓废，但整体散发出迷人的运动风创意氛围。

自从亚历山德罗·米歇尔（Alessandro Michele）成为古驰品牌设计总监，他对该品牌的改造是全方位的，很重要的一点就是时尚更为注重个性并重建了性别规范。在古驰 2019 年秋冬系列的 86 款男女装中，米歇尔重现了 20 世纪 40 年代这个女装历史上第一次与男装融合的时代，着重强调了他祖母那一代人的穿着套装：肩膀挺直、腰线勒紧、裤脚收口的灯笼裤。秀场上可以看到许多 T 型结构裤套装，肩部超大，有的用麻线勾勒出缝线或是大翻领的轮廓，还有未完成感的毛边设计。男装上也出现了许多女性化元素，如收腰结构、高腰裤、裙装、透视雪纺纱、蕾丝荷叶边、繁花图案等。右下图这款设计整体紧凑，充满矛盾性。领部是其视觉重点，斗篷结构连同外延袖肩拓展了肩部宽度，具有男性的力量感，而肩部阴柔雪纺的使用相对弱化了硬朗效果。此外，古驰多处设计宣示了男女共融的主张，如表现女性元素的PU 革荷叶边、蕾丝下摆、闪光的宝蓝褶裥丝绒抹胸等，与裤装、金属面具和颈项圈融为一体。值得一提的是整款材质运用丰富，互为陪衬，使设计颇具冲撞感。

吉尔 · 桑达 | Jil Sander

在 2007 年秋冬系列中，时任设计总监拉夫 · 西蒙（Raf Simons）将现代女性的套装做了些许调整，使得原本呆板的套装，看起来更为利落，更符合职业女性的身份。西蒙重新定位了西装小翻领，小巧而精致。这款简洁的外套呈 H 形，干练清爽。设计线条简洁流畅，腰下的折线将视觉分成大小两部分，呈现和谐的比例关系。色彩回归到一贯的风格，白、灰、黑成为主角，淡雅朴实。从开司米到中式卡其布，西蒙对大衣的材质有着极强的掌控能力。左下图这款白色的大衣秉持吉尔 · 桑达（Jil Sander）品牌丝毫不差的精准剪裁，两侧的省道新奇别致，堪称点睛之笔。此外，超小的翻领、正腰线的分割、硬朗的线条，都透出了吉尔 · 桑达对简约风尚的理解。

品牌自创立以来，吉尔 · 桑达对产品一直注重精湛的剪裁技术和工艺手段运用，因而拥有相当多的受众群体。2019 年春夏季是设计师夫妇卢克（Luke）和露西 · 梅尔（Lucie Meier）为品牌主理的第三季作品，此季推出了自然和秩序概念，沿袭了品牌初衷。系列作品套装设计受到军队、艺术家工作室和运动的影响，表现为工装衬衫或艺术家所穿的工作服。由于选用了挺阔的面料和全套黑白单色系，并注重服装结构和功能性的表现，所以设计带有某种制服所暗示的冷漠。纵观整场服装，与往季相比，既有表现休闲自由的情调，也有彰显个性带有艺术家气息的超大风貌展现，不过设计仍然由简约主义风格主导。右下图这款设计以艺术家的工作服为灵感，造型松软自由，拉链夹克、长披风、宽松裤管等元素皆展现了这一主题。整款服装以大自然的蓝色为基调，深浅不一的面料在此色调下互为拼接，而这成为本款的设计重点，错落有致的分布使设计充满韵律美。领口的硕大扣眼独具特色，在单调的线条组合中平添了一份放松和自由感。

米索尼｜Missoni

时装品牌档案

　　当时尚界劲吹 20 世纪 90 年代的简约和运动风时，作为一个拥有悠久历史和以锯齿形图案闻名的针织服饰品牌，米索尼（Missoni）无法拥抱简约风格，但标识性极强的锯齿纹样每季都不会缺席，于是运动风成了 2017 年春夏的系列设计主题。品牌创意设计总监安吉拉·米索尼（Angela Missoni）以大自然为设计灵感，并选择色彩作为主要设计元素，秀场上各类色彩争奇斗艳，像鲜艳的孔雀绿、纯净的天蓝色、饱和的橘色、沉稳的勃艮第红和大地色等。安吉拉采用色块分割组合的形式进行横向搭配，运用色彩之间的明度、纯度等属性的渐变营造韵律美和节奏感，并且在色块中植入锯齿状，以突显品牌的 DNA。在具体设计中，稍带腰线的直身廓形成为主角，无论是连衣裙、超短裙、热裤，还是比基尼，都围绕户外休闲度假主题展开。右上图这款针织设计由吊带式连衣裙和阔腿裤组成，廓形线条自然流畅。橘红色底的针织物配松石绿、金色、白色和黑色碎花纹样，裙摆的大块松石绿与大身色彩形成色相对比并具律动感，因此视觉非常醒目。休闲风格的白鞋提升了整款设计的轻盈感。

　　2019 年是米索尼品牌创立 65 周年，公司以生产针织服装起家，如今已是这一领域的翘楚，其色彩组合、锯齿纹样和拼接技术享誉业界。2019 年春夏系列既是回顾，也展现了品牌与当下时尚的关联。自然、细长的廓形向来是米索尼的标志性设计，秀场上展示的服装均体现了该品牌的经典元素，如修身长裙、束腰外衣、宽松袍服、拖地喇叭裤等。安吉拉结合品牌特质，将锯齿状图案设计成层状结构，或者将透明的薄纱横向拼接，塑造出有层次的轻盈感。整个系列色调没有以往的绚烂，由朴实却精致的米白色、裸色、粉红色和水洗靛蓝等占据。右下图这款及踝连衣裙呈帐篷形，吊带式上身外搭露肩透视罩衫，衣片自胸前向两侧敞开。裙身部分由多层荷叶状结构组成，疏密相间，形成富有波西米亚情调的韵律美感。材质和色彩也是本款设计的一大特色，裙身中央由放射状的锯齿状结构和多种色彩组成，突出了该品牌的设计特点。此外，本款色彩设计独具魅力，淡雅的色调中还包含了黄色与紫色、橄榄绿与蔷薇色这两个弱对比组合。

玛尼｜Marni

时装品牌档案

玛尼（Marni）品牌创意设计总监弗朗切斯科·里索（Francesco Risso）将设计服装比喻为绘画，画家的空白画布与设计师使用的布料非常相似，设计师经过不断地修改调整终于完成了服装作品，期间所感受到的快乐如同画完一张画，他认为这感觉就像是维纳斯回归于现实生活中。2019年春夏，里索呈现的一场充满艺术和知性的女装秀作品秉承玛尼品牌一贯的自然休闲风格，在结构和细节上也有创新，如侧边垂下的不对称结构的裙子、奶油色紧身胸衣结构皮革长裙、随手蘸颜料画作的印花外套、经图像处理的维纳斯雕像印花裙、剪裁巧妙的机车夹克等，而最有特色的当属一组自由缠绕结构的裙装系列，左图中这款设计即是其中之一。上装是圆领结构套衫，超长袖身，手指涂鸦和维纳斯雕像照片自由组合为印花。下配米色长裙，而裙摆与上身在肩部和手臂处以布料相连，似乎印证了里索所追求的服装与绘画的紧密关系。

2020年春夏玛尼品牌探索可持续时尚主题，整场系列集中展现了新一代纺织品材质，如有机棉、可回收皮革等，里索希望借此对自然和人类意识致敬。他喜欢隐喻，常从一个相当抽象的叙事形式开始系列展示。本系列以他想象一种热带疾病开始，这种疾病在丛林环境下会让受害者产生幻觉、头晕、恐惧，或者屈从于一种"美丽的眩晕"，他想创造出能引起"欣喜若狂的感觉"和"美好的颤抖"的造型，于是灵感来自马蒂斯野兽派的绘画色彩和图形成为重要表现，大胆狂野的对比色组成色彩配置重点，如常春藤绿色和洋红色。款式上倾向于自然和随意，如不对称结构、毛边处理、缠绕披挂形式，部分作品流露出非洲服饰文化影子。即便如此，在廓形上他却采用了保守的新爱德华时代或20世纪50年代的形式，与色彩和设计细节产生明显反差的视觉效果。右页图中这款设计即为例证。这款裙装廓形带有20世纪50年代风格，上装采用短款形式，裸露单肩，呈不对称结构，胸前的宽褶呈放射状排列。搭配中长裙装，裙身外又套了一件裙子，产生了奇特效果。整款以马蒂斯的绘画作品作为面料印花，自然界色彩浓郁的花草尽情绽放，从中可以感受到非洲的豪放和狂野，毛边处理和原始感的发妆加强了这一效果。

莫斯奇诺｜Moschino

时装品牌档案

2014 年秋冬是杰瑞米·斯科特（Jeremy Scott）作为设计总监接手莫斯奇诺（Moschino）品牌而做的首季系列，这位美国设计师擅长时尚搞怪和黑色幽默，而在鼎盛时期品牌创始人弗兰克·莫斯奇诺（Franco Moschino）也因讽刺和戏谑而驰名，所以斯科特的加盟应该是顺理成章的。在具体设计中，美国文化主导了整个系列，麦当劳标志性的字母 M 被转化为心形被用于款式设计中，甚至还将其经典的红黄色彩组合与香奈儿款式进行了结合，糖果、薯片、

饼干以及罐头外包装包括图案、文字和色彩均被运用于礼服设计，可爱的海绵宝宝也成为了服装图案。这季作品中还出现了当年香奈儿服饰那经典性的镶边、金属链条等元素。左图这款曳地晚装设计将传统与现代、经典与前卫融合于一体。斯科特以欧洲宫廷的克利诺林裙为雏形，上身采用低胸、收腰结构。腰臀处以荷叶状褶裥堆积，并沿裙开口处延伸至下摆，宽阔的裙摆造型与胸腰处的交错缠绕结构形成强烈对比，突显了曼妙身材。服装的亮点在于，斯科特选用了常见的饼干外包装作为图案，并结合服装造型以渐变形式展开，视觉效果独特。

2020 年全球局势变化多端，为时尚圈蒙上了阴影。在莫斯奇诺品牌的秋冬系列中，斯科特联想到 1789 年的法国大革命

时代服饰，尤其是路易十六妻子玛丽·安东尼特（Marie Antoinette）夫人的横向马鞍形裙撑（pannier）拖地长裙，令人惊叹的是，他将超宽的廓形结构与 20 世纪 60 年代的迷你裙混搭，将前卫、叛逆的元素加入原本古板的造型，并使其焕然一新，成为迷你裙撑短裙。此外，洛可可时代的紧身胸衣结构、荷叶袖、蕾丝花边、蝴蝶结、金色锦缎、粉色调以及花卉和人物壁纸图案等，均与牛仔服、机车服、热裤、套装等现代服装品类相混搭，甚至动漫、插画也作为面料图案出现在秀场，当模特顶着高耸的宫廷式发髻走秀时，似有时代穿越的感觉，夸张而有趣，正如设计师本人所说："我在这个世界上的角色只是传播快乐和带来幸福。"上图这款套装设计带有明显的斯科特烙印。上装部分借鉴了洛可可服饰特征，设计了紧身胸衣结构、泡泡袖肩、三层扇状荷叶袖、粉红色调、蝴蝶结等，腰两侧的裸露肌肤则带有明显的前卫倾向，因此搭配紧身牛仔中裤就不显得那么突兀。明度各异的粉红色是主调，经斯科特巧妙运用，既丰富了层次，又起到了协调作用。

普拉达｜Prada

对于 2016 年秋冬季的设计系列，普拉达（Prada）品牌给出了提示语："女人的本性是复杂的，不可言喻的。就像一个俄罗斯套娃。"作为一名时尚界元老级服装品牌，普拉达一直在探寻时装真谛，尤其是时装与人的相互关系，在初级阶段考虑这个季节穿什么或怎么穿，而后时装演变为暗示或象征性，此次普拉达推出了 20 世纪 50 年代风格的裙子和富丽堂皇的镀金丝质长裙搭配，代表着女性的优雅，而 20 世纪 40 年代风格蓝色或深棕色天鹅绒鸡尾酒会礼服，有着好莱坞式的衣袖结构和金色刺绣装饰，是奢华的象征。图案方面，艺术家克里斯托夫·希曼（Christophe Chemin）的版画作品被用作图案，叙事和典故充满了超现实主义风格。左下图这款设计流露出 20 世纪 50 年代元素，那是战后回归女性美感的时代，A 字形，上身合体收腰，下配过膝大摆裙。军装结构上装、军绿色、军腰带和白色头巾都有种不寻常的战争时代联想，而裙身的花卉图案和金色则具有憧憬美好生活的寓意。

由于受新冠肺炎疫情的影响，拉夫·西蒙（Raf Simons）加入普拉达的首秀延迟至 2021 年春夏季，而且是在网上发布。本场秀以普拉达新制服开场，整场设计既没有惊心动魄的故事，也没有令人赞叹的装饰，却带有浓浓的拉夫·西蒙痕迹，简洁而不乏细节感，年轻且是当下时尚，有几款连衣裙上丝网印刷的文字和图形，已是整个系列中最具细节感的设计。右下图这款作品呈直筒造型，由 20 世纪 90 年代风格的无袖束腰短衣和长裤组成，领口下方植入了品牌著名的三角形标志，突显其设计的独到之处。外搭白色主教式无领长款披风，与内搭之间露出肩部肌肤。尖头的后拉式小猫高跟鞋，黑白两色对比鲜明。可以期待，拉夫·西蒙将以他的设计理念谱写普拉达品牌全新一页。

罗伯特 · 卡沃利 | Roberto Cavalli

时装品牌档案

在 2007 年春夏的米兰时装周上，罗伯特 · 卡沃利（Roberto Cavalli）将游泳池畔的热闹场景搬到米兰的春夏秀场，带露台的度假小屋、棕榈树荫、水面般的 T 台还漾着波纹，夸耀而独立的女子极尽所能地把度假的闲适和贵族的光鲜融合在一起。从卡沃利的作品中，映射出摄影师斯里姆 · 亚伦（Slim Aarons）于 20 世纪 60 年代拍摄的美国棕榈滩的情境，热闹、绚丽、高贵、新潮。卡沃利时装永远不会缺少动物的元素，具有狂野美感的虎纹和豹纹向来是品牌的常用图案。在这个春季，卡沃利展示出一款设计大胆、构思巧妙而又极具吸引力的礼服，图案极具创意，以放射状图形与虎纹和斑马纹结合，形成一个新的图案。颈部粗线条的项链和收腰低胸的设计，使女性美显出了妩媚的特征。右上图这件礼服非常引人注目的是其丝质拂袖，印花令人眼花缭乱，其独特的视觉效果加深了作品的感染力。由胸间逐渐展开的斑马纹和丝质拂袖呼应，骤然提升了材质的丰润感，加上粗粗的马尾，表现出女性既狂野不羁又柔媚镇定的独特个性。

2017 年春夏，20 世纪 70 年代嬉皮士文化弥漫在时装界，表现为修长廓形、飘逸的长裙，喇叭裤、过度装饰、眼花缭乱的图案和色彩、具有民族元素的拼接手法等。作为一个强调奢华、狂野、性感的品牌，当季流行符合品牌理念，所以时任设计总监彼得 · 邓达斯（Peter Dundas）作品备受期待。此季，他的设计灵感来自美国最大的印第安部落纳瓦霍（Navajo）毛毯，同时结合了斯堪的纳维亚半岛相关的纺织品进行构思，风格、造型、细节等都切合当季流行主题，如典型的 20 世纪 70 年代裤套装、颓废的紧身喇叭裤、流苏毛毯长披肩、拼接牛仔裤、繁花似锦的花卉图案、超长细飘带等。考虑到品牌主打的性感元素，彼得设计了数款浪漫性感的大波浪曳地纱裙和礼服。品牌最具特色的奢华风尚在此季设计表现得淋漓尽致，作品大量运用钉珠、金属和花卉刺绣进行装饰。右下图这款作品将混搭手法运用到了极致。20 世纪 70 年代的廓形，透明纱质的合体男式牛仔衬衫，胸部、领口、肩部等处的绣花装饰突显女性的柔美。细长紧身喇叭裤也采用同样的手法。在具体细节上，设计师精心营造了颇具戏剧性的对比关系，材质上的透明纱与丝绒、装饰上的刺绣与裤侧珠萃装饰均形成强烈的视觉反差效果，此外，蓝色和橘色也是如此。

萨尔瓦多·菲拉格慕│Salvatore Ferragamo

时装品牌档案

2018 年萨尔瓦多·菲拉格慕（Salvatore Ferragamo）品牌秋冬秀之前，公司宣布将保罗·安德鲁（Paul Andrew）提升为创意总监，负责该品牌的所有设计运营。作为首秀，保罗决定安排女装与男装一同走秀。此季灵感包括该品牌的客户著名影星凯瑟琳·赫本以及电视连续剧《皇冠》中玛格丽特公主的形象，秀场上充斥着带有英伦风的紧身燕尾服、祖母绿绒面革风衣、连帽短夹克、绒布披肩式外套、马裤等设计，塑造出精致、优雅又不乏独立个性的现代形象。同时也渗入了一些廓形宽大造型飘逸的袍服、罩衫等，外加橘色、墙红色等色彩，使人联想到印度的乔德布尔（Jodhpur）风格。以左下图这款为例，就色彩而言，暖色调的橘黄、深紫红和米黄色一起洋溢着浓浓的印度风情。而款式则由短夹克、男式衬衫和马裤组成，带有皇室贵族的户外马球运动灵感，设计师以这种混搭形式探究新时代的女性力量。

尽管成衣对保罗来说是新鲜事物，但他 2016 年被邀请主理萨尔瓦多·菲拉格慕品牌的鞋类设计，对此具有丰富的经验，所以他的 2019 年秋冬成衣设计思路是从鞋子开始的，"从头到脚的着装"是他的观点。萨尔瓦多·菲拉格慕品牌 1942 年推出的一双五颜六色的拼接麂皮楔形鞋启发了设计师，保罗将鞋类设计和工艺手法运用于时装设计中，如万花筒调色板和拼接技术。整场设计中，没有过多的装饰细节和繁杂工艺，注重可穿着性，保罗遵循了品牌低调和优雅的设计美学，而这也是现代都市女性在职场和日常生活中所追求的。右下图这款工装连体衣基于品牌特点，采用了代表力量感的皮革材质。在设计细节的处理上突出了功能性，如带襻的立领、贴袋、腰间抽带、裤侧开口等，此外不对称的偏门襟结构、落肩线设计、线条拼接等彰显了女装和男装的融合，即设计基于男装理念，以形成中性、硬朗的视觉效果。

范思哲 | Versace

在 2007 年春夏系列中，多娜泰拉·范思哲（Donatella Versace）再现了 20 世纪 80 年代的主题和 70 年代流行的超大图案，并以多款胸衣结构裙装构建出裙的海洋：呈花苞状的高腰短裙、带波普风格的波纹状印花裙、帝政风格高腰长裙等。吊带短连衣裙在款式造型上，高腰紧身，浪漫唯美，将帝政的贵重气质与胸衣结构作了融合处理，也开门见山地突出范思哲品牌一向注重的优雅主线。裙身门襟线条向两侧自然散开，至臀部外侧与下摆融合，这些和谐随意的细节处理诠释了设计师的优雅浪漫情怀。范思哲经典的内衣外穿风格也得到宣泄，右上图中的比基尼上衣以二分之一的遮盖比例，突显了身段的妖娆魅惑。整款选用暗哑的金色绸缎，漆金颜色让人联想起品牌的标识——金色希腊神话女妖蛇发魔女（Medusa），带着狂妄又让人不可抗拒的魅力。精巧的吊带设计既展现了优美的颈部曲线，又提升了时尚魅力。

2020 年新冠病毒肆虐，网络直播成为时装秀的普遍形式。多娜泰拉·范思哲将 2021 年春夏作品安排在传说中的亚特兰蒂斯废墟上举行，这是一个早已消失的遗迹，传说中的公民们从湛蓝的海洋中崛起。整场秀除了工作人员之外没有公众参与，模特身着由海星、珊瑚和海贝图案组合而成的服装，这些图案来自吉安尼·范思哲（Gianni Versace）1992 年春季的"tré sor de la mer"系列。多娜泰拉·范思哲说，"我想做一些破坏性的事情，打破规则，这意味着要找到一种方法，把范思哲的 DNA 带到一个新的现实中。"相比以往作品，此季设计的确有很多变化，其独具匠心之处表现有：用旋转荷叶边装饰的微褶连衣裙；疯狂的层叠裙子像贝壳一样分层；还有一个像大幸运饼一样构造的包等。色彩跳跃，富有动感，这也是范思哲在 20 世纪 90 年代的显著标志之一。右下图这款作品充满海洋情调。吊带式胸罩由海贝和海星图案构成，突出了海洋主题。闪亮的玻璃珠钻作装饰，同时组成不同的色调和图案。搭配的低腰中长裙造型紧窄合体，裙摆微微呈喇叭状，似美人鱼造型。裙身呈不对称结构，左腰侧裸露，并以金属扣件系结。整体色彩运用上采用有彩色与无彩色的对比手法，上身的彩色在黑色衬托下更加光彩夺目。

瓦伦蒂诺｜Valentino

时装品牌档案

在 20 世纪初有位与香奈儿齐名的时装设计师艾米丽·弗洛格（Emilie Flöge），她摒弃了她那个时代的传统紧身胸衣，而设计了宽松飘逸充满了波西米亚情调的女装，装饰纹样灵感取自匈牙利和斯拉夫等东欧刺绣的精细图腾。由于她也是维也纳分离画派大师克里姆特的好友，这些服饰形象在克里姆特众多大作中均有所呈现。2015 年秋冬季，瓦伦蒂诺就推出了一组灵感来自克里姆特和当代著名画家大卫·霍克尼画中人物的设计，其中以克里姆特笔下的弗洛格为灵感设计的时装最为耀眼。设计师组合基乌里（Chiuri）和皮乔利（Piccioli）取艾米丽·弗洛洛最爱的条纹、格纹与三角纹在黑白的色调下，组合出视觉交错的几何纹，同时也衍生出镂空、手工拼贴毛皮等不同工艺手段构成的三角形。左图这款裙装设计完整地体现了设计师的构想。三角形、格纹、条纹经巧妙构思互相穿插组合，产生独特效果。三角形最为细密，分布于胸前、肩部和臀腿处，条纹占据的面积最大，设计师运用错位手法在前襟裙中、袖身、裙下使条纹演变成格纹。三种几何纹样错落有

致排列组合，互为对比和补充，在视觉上体现了欧普风格（Op Art）。整款廓形较宽松，体现了弗洛格的个性。

瓦伦蒂诺 2020 年春夏系列开场部分设计了 12 款质朴多样的纯白色造型，让人联想到瓦伦蒂诺 1968 年的全白设计，完美展现了文艺复兴时期的一些美学思想，设计总监皮乔利说："我想研究一些通用的东西，回到形状和体积的本质上来。"尽管皮乔利说没有刻意的宗教或历史的参考，但在不经意中出现的衬衫领子、超大的主教袖和褶边等相关细节，以及修女或中世纪侍从的服饰形象都在系列中展现。图案部分，皮乔利的灵感来自 19 世纪法国画家亨利·卢梭画作中那形大胆天真的丛林景象，数码印花、电脑绣花、贴布、钉珠等多种工艺的运用使服装更富有装饰感。对页图中这款礼服是整场的压轴作品，皮乔利将弧形透视网纱作为设计单元，用重复的设计手法，在衣身外以立体形式从前胸到脚踝逐渐错位叠加，从而在视觉上产生纷繁复杂的效果。胸前向两边呈伞形展开的结构构成了视觉中心。当季流行硬朗的 80 年代主题，皮乔利通过对原本轻薄柔弱的网纱的独特处理，将女性打造成刚柔并济的女权主义新形象。

4

纽约篇

林能平｜3.1 Phillip Lim

林能平（3.1 Phillip Lim）品牌 2019 年秋冬系列没有主题设定，设计师林能平想创建一个衣柜，并在如今世界经常感到混乱的时刻找到可靠的东西。作为主打都市通勤装为主的品牌，该系列由黑色风衣开始，以黑白灰色调贯穿始终，其间加上泥土色、米色和绿色点缀，唯一变化的是斑马纹样的运用，这在高腰铅笔裙和连身长裙中有所体现。款式方面以自由宽大的廓形为主，各类单品设计延续该品牌一贯的都市风。此季外套尤为出彩，林能平认为它如同盔甲，能在不断变化的潮流中保持自己的着装风格，系列中有两款以哥尼亚羊羔绒制成的外套即是例证，黑白两色搭配使设计充满活力。左下图这是其中一款，整体造型宽松舒适，设计简洁，突出休闲特质。上装属于无袖外套款式，采用拼接手法在领圈和前胸拼接黑色布料，下配长款裙裤。

林能平 2020 年春夏系列所反映的纽约都市生活，既有活力又宁静，这也体现了品牌的价值观：社区、多元化、乐观。虽然定位于都市女性，但此次系列中，几乎没有传统意义上的两件套作品，林能平尝试了不同款式结构、剪裁工艺，如不对称西装外套、可拆卸的风帽，以及带有皮革头巾的夹克，尤其是两件无袖、细长的背心设计，肩上带有可脱卸披肩状衣领，形式似围巾，这是其系列亮点。另外，林能平也采用了有机和再生面料，巧克力棕色连身衣和海军蓝中长裙就选用了有机棉材质，远看有微光，很像皮革，但是由回收的棉花制成的。对于款式，林能平希望减少不必要的结构线条和装饰，以实践可持续设计理念。右下图这款三件套设计简洁明了，紧身的针织衫外面覆合同样廓形的皮革编织衫，斜向镂空的形式在针织衫表面形成独特的纹理效果。下配前开衩中长裙，随意舒适。黑白搭配的色组具有跳动感，吻合都市的快节奏生活。

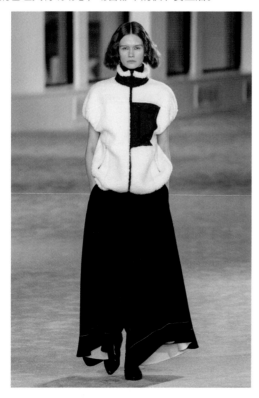

奥图扎拉｜Altuzarra

时装品牌档案

奥图扎拉（Altuzarra）品牌 2019 年春夏秀的邀请函印有品牌创意总监约瑟夫·奥图扎拉（Joseph Altuzarra）自己画的四幅旅行水彩画，这些画为他的新系列提供了灵感：地中海——这里有他在意大利的家。此外，几部当地电影也启发了他，让他捕捉到了某种宁静，这正是他对新一季产品追求的精神所在。正如设计师所说："我想系列让人感到快乐、乐观、多彩。"的确，整个系列充满着热烈的阳光和度假的氛围，如比基尼上衣与造型和剪裁各异的衬衫和外套搭配。具有民间工艺特色的钩针工艺被用于吊带装的设计，腰间装饰了贝壳串作为腰带，色彩丰富的贝壳图案还以较抽象的形式用于服装面料。整个系列以暖色调为主，反映了典型的地中海特征。右上图这款设计款式简洁，最大看点在于搭配效果。上装由内外三款单品构成：比基尼上衣、系带式超短中性衬衫和超短无领格纹外衣，显得干练。下着侧开衩针织中长裙，海洋主题的抽象图案给款式增添了活力。橘色和粉红组成温暖色调，白色在其中穿插使设计具有动感。

旅游常常能触发时装设计师的灵感，奥图扎拉品牌 2019 年秋冬系列即是设计师去摩洛哥的马拉喀什度假后构思的，他在那里体会到自由和独立的感觉。这系列设计就是为了满足多种不同需求而设计的。来自摩洛哥、北非和阿拉伯的服饰文化元素在作品中不断出现，如具有摩洛哥特色的装饰纹样和色彩组合、阿拉伯式袍服、北非游牧民族披挂式结构、灯笼裤造型等，奥图扎拉结合了现代时装理念进行混搭，为都市职场女性塑造出既有民族风又简洁时尚的形象。设计师还尝试工艺技术的创新，有款设计用针把费尔岛（Fair Isle）毛衣钉在斑马条纹外套上，使毛线与梭织面料糅合在一起，右下图这款设计也采用了同样的方法。立领上装，收腰、宽袖肩，属于典型的机车夹克设计，但设计师在袖肩处以羊毛与皮革相接，两种属性截然不同的材质互为对比和衬托。裙长及脚踝，造型呈直筒，佩兹利图案给整款设计增添了民族风情。

王大仁｜Alexander Wang

时装品牌档案

2019 年，王大仁父母关于移民美国的故事引发了王大仁的设计灵感，由此促成了他的 2019 年春夏系列。该系列是一个大熔炉，是关于中国风与朋克潮的对话。作品中有诸多中式元素，旗袍领、对襟、盘扣、水袖，以及唐人街图案等，王大仁以混搭手法巧妙地融入朋克理念，如超短旗袍款式搭配朋克式宽皮带，皮革和透视薄纱均运用于中式款式中，同时在中式款式中加入安全别针这一朋克的代表性元素，以此组成图形作点缀，东方与西方、传统与现代由此形成强烈对比。此外，王大仁还呈现了代表美国街头文化元素的设计，如由橄榄球衫解构而成的性感连衣裙、自行车短裤、褪色牛仔裤、星星和条纹元素等，这是王大仁这一代人所钟爱的。就造型而言，左图中这款设计借鉴了中式

结构，上装看似旗袍，收腰、无袖，胸前和腰间的镂空部分以安全别针串联装饰。下配灯笼裤，夸张鼓起的臀部也用了安全别针装饰，并将拼缝处以毛边处理。材质方面，金属质感的安全别针是视觉焦点，它与肌肤和黑色布料形成强烈反差，进而塑造出颓废和叛逆的形象。

上一季是对父母一辈移民美国有感而发的，在 2019 年秋冬系列中王大仁讲述的是与他成长相关的故事。作为一位在纽约长大的华裔设计师，此次设计灵感来自 20 世纪 80 年代在纽约打拼的职场女性。擅长混搭手法的王大仁，此季塑造的形象独具风采，或果子绿色的花呢套装搭配黑色皮革围裙，或男式衬衫外搭吊带长裙，或透视蕾丝紧身晚装外裹围裙，甚至 T 恤与晚礼服组合。20 世纪 80 年代运动风格也是他的一个表现，包括宽松造型的网球毛衣、橄榄球衫和 Polo 衫，并对下摆结构进行了处理使

外观呈现不规整的扭曲造型等。上图这款设计是本系列的第一款，设计师刻意突出其独特的有别于传统穿着和搭配的模式。服装由三层结构组成，V 领白色合体外套内衬黑色高领紧身衣，长及脚踝的白色外套外裹着皮质罩裙，而腰两侧镂空结构使罩裙显得与众不同，同时与外套巧妙融合。色彩以黑白两色穿插运用，富有节奏感。

安娜·苏｜Anna Sui

时装品牌档案

安娜·苏（Anna Sui）品牌将 2019 年秋冬秀命名为"Poptimism"，这是英文"大众流行"和"乐观"的合成词，灵感来源于 20 世纪 60 年代早期演唱会的海报。20 世纪 60 年代文化向来是设计师安娜·苏的最爱，乐观情绪使她常年置身于喧闹的时尚潮流之外，但品牌还是能生存和发展，如今这位从底特律走出的女孩已成为纽约最持久的时尚明星之一。此系列采用了不同材质，如针织物和丝绸混搭而成连衣裙、华丽的人造毛皮外套和帽饰、酸绿色羽毛袖口镶边的提花织物套装。这季花卉图案形式多样，安娜·苏将自己定制的绉纹图案做成了华丽的锦缎，这样让穿着者联想自己包裹在遍地花海中，并享受其中的愉悦。与造型各异的花卉纹样相搭配的是丰富的高饱和度色彩，这也是品牌的一大特征。紫色是安娜·苏品牌的代表性色彩，右上图这款套装即以紫色作主调。带有 20 世纪 60 年代风格的连衣短裙，搭配一字领七分袖短装，紫色将内外花卉图案相协调，外加蓝色调裤袜、中靴和假发，整款呈现出浓郁的嬉皮风情。

梦和幻想是安娜·苏经常运用的两个主题，2020 年秋冬系列灵感来自 20 世纪 70 年代几部恐怖电影中慵懒的女主人公。本系列被公认为是该品牌近年来最富创意的设计，作品中有安娜·苏定制的专属印花纹样蕾丝，也有许多极富幻想色彩的印花。她还尝试了新材料和奇特工艺的运用，有件裙装将亮片面料与刺绣融合在一起，还有用天鹅绒裁剪成锯齿形装饰在欧根纱表面的派对礼服设计。秀场上模特的绿色妆容、卷起的蓬松发型，包括一些以羽毛制成的魔鬼角帽子和头饰，都围绕女巫形象展开，均给人以惊悚和怪诞的印象。右下图这款是一件维多利亚风格的裙装设计，黑色基调，给人神秘的感觉。高腰结构，肩线平直，袖肩隆起，服装整体呈 X 廓形。胸衣结构由涂层面料与烂花丝绒相拼接，产生光亮与绒毛、厚重与轻薄的质感对比效果。过膝裙下部装饰有荷叶褶，其圆弧下摆边缘有镂空图案的设计细节。搭配中靴，符合中性硬朗的形象。

卡尔文 · 克莱恩 | Calvin Klein

时装品牌档案

卡尔文·克莱恩（Calvin Klein，简称为 CK）品牌曾在 1994 年春夏季推出了一系列具有时代特色的吊带裙，在当时风靡一时。20 多年后，当 20 世纪 90 年代风潮劲吹时，这些轻薄的丝绸长裙再次成为宠儿，品牌创意总监弗兰西斯科·科斯塔（Francisco Costa）深谙品牌传统，并助推这股潮流。在卡尔文·克莱恩 2016 年春夏系列中，科斯塔以 1994 年品牌吊带裙为灵感，设计了一系列构思新颖的裙装，作品加入了垃圾摇滚元素且以解构主义手法呈现。吊带裙的肩带成为表现重点，科斯塔将其以不同形式呈现，或交叉或连接，同时解构裙身，使原本极简的吊带装演变为多层次多结构的裙装。在由吊带裙衍生出的其它款式中，科斯塔尝试以解构手法处理，如夹克衫的裤脚口被切掉了一部分，袖子几乎伸到了指尖，针织衫下摆做断接处理，或者被切到肘部的一半。右上图这款皮革长裙的构思完全由吊带裙发散而来。呈 V 形的露胸斜向结构向下延伸至两边，在视觉上呈现为交叉线形态，而下垂的带子则是设计重点，使整款设计在平静中带有动感。简约是该品牌的精髓，这款设计则是例证。

2017 年迪奥（Dior）品牌前任设计总监拉夫·西蒙（Raf Simons）转战卡尔文·克莱恩品牌，2018 年秋冬系列是西蒙在该品牌的第三季作品，整个系列突出保护和安全的主题，包括来自消防员夹克的反光条、醒目的色彩（橙色、鲜红、柠黄和银色）、连体装和头盔等元素。西蒙将反光条嵌入夹克、风衣、大衣等不同品类，甚至头套、包袋、长筒橡胶防毒靴中，衍生出条纹元素并运用于连衣裙。此外，银色聚酯薄膜材质的选用也是亮点，这种具有未来感的材质用于连衣裙、外套和帽饰的设计，符合主题构思。右下图这款拖地连衣裙造型细长，修身合体，裙摆呈喇叭状。图案由消防服反光条灵感发散而来，通过自由拼接形成方向各异、形式多样的视觉效果。模特所戴的细条纹手工编织头罩，图案风格与衣身匹配。整款构建出带有反乌托邦的风格形象，这符合西蒙对服装基于哲学的深层思考。

黛安娜·冯·弗斯滕伯格 ｜ Diane von Furstenberg

时装品牌档案

乔纳斯·桑德斯（Jonathan Saunders）在数码印花鼎盛时代从伦敦时装周脱颖而出，他的设计体现了对色彩和印花图案的独特品味，所以当他被任命为黛安娜·冯·弗斯滕伯格（Diane von Furstenberg，简称为 DVF）创意总监时显得那么自然。2017 年春夏季是桑德斯为黛安娜·冯·弗斯滕伯格品牌发布的第一季作品，其作品更加注重面料和图案的运用，这也是他一贯的路线。桑德斯在整个系列中采用了不对称设计，如在剪裁连衣裙和衬衫中，或以不对称款式结构表现，或结构对称但面料图案和色彩不对称。有一件呈不对称结构并运用斜裁设计的连身裙，由圆点和花卉图案组合而成，这款设计使人联想到黛安娜·冯·弗斯滕伯格品牌 1974 年推出的具有标志性的裹身裙，但桑德斯以更现代的方式呈现。造型各异的腰带设计是本系列的另一特色。右上图这款作品带有强烈的 20 世纪 70 年代特征，单肩式黑白条纹衫外披暗红圆点合体风衣，下搭白色高腰直筒翻边长裤，整体造型呈直身型。裤装腰间的设计颇具新意，腰头翻折下垂，并露出长长的腰带，条纹的配色对比鲜明，呈现出一丝民族风。

20 世纪 70 年代的中性装扮和受世界各地文化影响的民族风尚，都启发了桑德斯的设计思路。对于开发 2018 年春夏季的作品，桑德斯思考如何以创新面料来诠释 20 世纪 70 年代的魅力和怀旧感，答案是色彩和印花，这是他所擅长的。在系列中，除了表现 20 世纪 70 年代中性感的黑色、深灰以及低纯度的墨绿外，还有相当部分是高纯度的嫩黄、橘红、宝蓝等颜色，具有极强的视觉冲击力。简单明了的几何图形和枝繁叶茂的花卉纹样也是其表现重点，运用于诸如 V 领手帕式收腰大摆长裙、喇叭裤、肚兜式短上衣等款式，可以感受到 20 世纪 70 年代绚烂的民族风情，右下图这款设计就属于这类。连袖上装、灯笼袖身，高腰结构、腰间系带，搭配修长的喇叭裤，整款设计呈 T 形，这是典型的 20 世纪 70 年代风格特征。上身罩衫采用硕大图案的印花面料，花式艳丽，在黑色的衬托下对比强烈，而下身裤装是米灰色调，反衬了上装，裤侧的红色镶拼条纹意欲表现动感。

吴季刚 | Jason Wu

时装品牌档案

　　2014 年春夏的作品，吴季刚（Jason Wu）认为是"结构设计和舒适安闲之间的对话"，依旧精致却不再只是单一的"名媛感"。20 世纪 90 年代风格是当季的流行焦点，吴季刚的作品突出了简约与中性风格。他还为作品注入了浪漫主义元素，将柔软的布料在胸前缠绕、抽褶或披挂，形成波状的线条；通过半透明雪纺的加入，在袖口和裙摆营造出灵动和飘逸感，并透出一种内衣外穿的风貌。左下图中透视上衣加猎装口袋的设计将浪漫的轻薄材质与 20 世纪 90 年代的夹克元素完美结合。领部稍微立起自然形成一个圆领，结构随性自由。猎装口袋因与透视面料的组合，变得流动、轻柔，毫无生硬之感，系绳控制的腰线柔中带刚。色彩围绕着灰绿色和隐约的肤色展开，很浅的灰调子亦维系着整体的运动风尚。吴季刚并没有刻意制造性感，只是将摩登凌厉与温柔优雅的风格融为一体。飞行员太阳镜、平底凉鞋与大号手袋的搭配十分契合，营造出一种轻松与严谨、优雅与运动的和谐。

　　吴季刚（Jason Wu）品牌是 2021 年春夏纽约时装周仅有的少数几场走秀品牌之一，在如今的特殊时期，吴季刚的设计是关于新的开始，希望培养一种无悔的逃避现实的意识。此季的主题是"在玛雅遗迹——图卢姆度假"，设计师称之为"离家出走的家"，营造出精神之家。在沙滩、木板路、棕榈树和热带植物的环绕中，剪裁精美的百慕大短裤、造型宽松的束腰上衣、飘逸的沙滩裙、条纹和色彩鲜亮的现代花卉图案不断呈现，这些都暗示着明亮和快乐的态度。该系列中还有在衣裙和裤脚口运用了英国传统刺绣的服装，有种古朴和回归乡间的感觉。右下图这款设计展示了吴季刚独到的剪裁技巧。V 领上装呈现直线裁剪结构，宽松的造型使衣片在肩部自然下垂，袖身产生立体波状效果，同时线形图案也随之起伏。腰带通过孔眼穿出，衣身上的条纹方向横向与纵向形成对比。整套服装的条纹图案营造了轻松、悠闲的气氛，适合休闲度假场合穿着。

利博廷 | Libertine

时装品牌档案

作为利博廷（Libertine）品牌创意总监，约翰逊·哈蒂格（Johnson Hartig）自认为，在四大时装周中利博廷（Libertine）品牌是为数不多的设计带有明显装饰和点缀的品牌，作品的廓形一直变化不大，但关于系列的背后故事以及所选择的装饰图案却多姿多彩。本季延续以往的设计惯性，继续运用诸如鬼脸、蛇、婴儿、老鼠、招财猫、贝壳，甚至手枪等非传统图案，也加入了点、线这类几何纹样，塑造了惊悚的视觉和明艳的色彩效果。此外，还有一组服装运用了银色刺绣的沙丁鱼和棕色鳟鱼图案，这是设计师表达向海洋生物以及我们的星球致敬。约翰逊长期以来一直是西班牙著名超现实主义画家萨尔瓦多·达利以及他创作理念的忠实粉丝，2019年春夏系列作品即是例证。右上图这款套装设计款式简洁、造型自然，圆领卫衣搭配裤装，图案是其设计重点。约翰逊以意大利著名时装设计师伊尔莎·斯奇培尔莉（Elsa Schiaparelli）与达利在1937年联合创作的"龙虾裙"为素材，提取龙虾作为图案用于全身，同时他还将立体龙虾装饰在鞋面上，使整款设计充满超现实主义的荒诞气氛。

2019年时尚界开始关注坎普风格，其夸张、有趣、幽默的特质也一直是利博廷品牌的核心价值观，而表现形式就是图案。同年秋冬季系列中，利博廷品牌依然是图案的世界，所展示的包括植物、佛兰芒绘画与奥斯曼帝国图案结合的纹样，法国存在主义理论创立者让·保罗·萨特的肖像，浪漫主义画家卡斯帕·大卫·弗里德里希的代表作《雾海之上的流浪者》画作等。创意总监约翰逊是如此酷爱数码印花，以至于利博廷品牌本季的系列中处处可见装饰于服装上的不同图案。此季他还从色彩搭配、材质肌理、附件运用等不同角度考虑装饰效果，不同主题的图案在金属丝、丝带、串珠、金属链子等带有光泽感的材质衬托下，使设计充满着坎普风格。右下图这款是具设计的典型代表。上装衣身结构线和口袋以金色钉珠镶边，外搭超长披肩，下着伞状结构长裙，整体造型带有戏剧性。服装图案既有佛兰芒绘画也有奥斯曼帝国图案，不同文化在此碰撞融合。带亮片的丝袜和拼色高跟鞋给整款设计赋予了欢快感和异域风情。

马克·雅克布 | Marc Jacobs

在 2007 年春夏，马克·雅克布（Marc Jacobs）品牌结合了 17 世纪德国作曲家帕卡贝尔（Pachelbel）的卡农以及极简音乐大师布莱恩·埃诺（Brian Eno）的影像，以油漆粉刷出草绿色伸展台，营造了一个春意盎然的乡村风貌的舞台背景。雅克布（Jacobs）又回到他最擅长的涵盖多重元素的颓废造型和垃圾摇滚风貌（Grunge），系列中既有低腰分层蕾丝连衣裙和《天方夜谭》式后宫长裤，也有解构的"日本式"羊绒衫，不同设计手法所展示的设计师的创造力，令大家着迷于雅克布的设计魅力。左下图这款设计内衬带有 20 世纪 90 年代倾向的水蓝色带光泽透视衬衫，胸前装饰着大号的蝴蝶结，外搭金色抽褶大翻领飞行夹克，突出了 20 世纪 70 年代气息。下着露出足踝的宽松造型的郁金香造型长裤，流露出自然情调。三个单品三种不同文化和风格，组合在一起貌似突兀与怪异，这就是典型的垃圾摇滚。在色彩上，上装的蓝色调与金色和米色形成强烈的对比效果，强化了摇滚感。

时尚行业竞争激烈且充满挑战，如今纽约时装设计师们面临各方面的压力，有的缩减规模，有的选择退出作秀改为静态展，有的甚至离开了时尚行业。已 55 岁的雅克布还在坚持，他仍然像个追梦者，2019 年春夏秀就是他的梦想体现。纵观整个系列，服装款式简洁，线条洗练，造型上突出宽肩结构，明显带有 20 世纪 80 年代早期拉格菲尔德在香奈儿的服装设计作品的影子。右下图这款设计造型呈典型的 V 形，体现了 20 世纪 80 年代风格特征：宽肩结构、剪裁利落的男西装款式，同时雅克布也加入了代表 20 世纪 90 年代文化的透视雪纺衬衣，将性感元素融入硬朗形象中。此外，采用闪光面料的打褶小丑皮埃罗（Pierrot）领型造型硕大并延伸至胸前，加强了视觉冲击效果。在色彩上，无彩色的灰黑作主色调，以闪光亮色作点缀，呈现出中性风尚。

迈克高仕｜Michael Kors

时装品牌档案

2019 年的流行文化中盛行 20 世纪 70 年代主题，在纽约的时装秀上，体现 20 世纪 70 年代文化的款式造型（人字呢西装外套、仿毛大衣、大毛领大衣、大翻领衬衫、细长的造型等）、材质（光感面料、羽毛、仿皮草、亮片等）、色彩（金色、闪光色等）、纹样（几何形、碎花等）、配饰（刺猬头、长毛围巾等）随处可见，这些元素在迈克高仕（Michael Kors）2019 年秋冬发布会的表现尤为明显。秀场上既有该品牌标志性的极简理念套装设计，也有带 20 世纪 70 年代民族元素的大衣和夹克作品。迈克高仕还向 20 世纪 70 年代末至 80 年代初风靡世界的纽约 studio 54 迪厅申请了标志使用权，该纹样分别出现在亮片超短裙、长款羽绒服和男女款丝绸衬衫上，运用工艺包括绣花、胶印和数码印等。右上图这款设计将 20 世纪 70 年代元素和坎普风格融合在一起。黑底碎花收腰连衣裙，外搭 O 形间色羊毛大衣。蓬松而毛茸茸的皮革、光滑的丝缎、透视的网纱、硬朗的金属和皮革，外加 20 世纪 70 年代风格的棕色发型，这一切构成了对比强烈、极其夸张并富有戏剧感的视觉效果。

在迈克高仕 2020 年秋冬系列中，出现了大量的披肩元素款式设计，其中一件双面驼色斗篷，下摆有深橙色和棕色的条纹，借鉴了该品牌在 1999 年秋冬季展示的作品。一部分单品呈超大风貌设计，如毛衫、罩衫、大衣、裙装，甚至围巾也长及脚踝。此外，该系列中还有马术和乡村元素，如翻毛皮马靴、镶毛牛仔马甲、绗缝羊绒运动衫、佩兹利纹样等，所有作品都围绕舒适和安全性这一设计构思展开。右下图这款是整场系列的压轴款，上装呈帐篷形，搭配紧身拖地长裙，无论在廓形还是面料质感和肌理上，都形成了鲜明的对比关系。整体设计简洁，体现了迈克高仕一贯的设计主张。在构思上，他在超长外套的设计中运用混搭手法将苏格兰风衣与主教服结合在一起，结构处理合理且非常巧妙。毛衫、外套、腰带和裙装质料各不相同，但都统一在灰色调之中。

纳西索·罗德里格斯 | Narciso Rodriguez

在 2017 年秋冬秀前的见面环节，纳西索·罗德里格斯（Narciso Rodriguez）复述了已故著名设计师奥斯卡·德拉伦塔（Oscar de la Renta）曾经说过的"只有女人穿上它才算时尚"这句话。的确，作为主打结构和简约风的品牌设计师，纳西索向来注重服装的可穿性，其品牌 T 台走秀的款式与在网上和百货商店里的服装都是相同的。切口是当季的关键流行元素，这一来自中世纪主教服的细节也成为纳西索本季作品表现的重点，在袖身侧缝、公主线部位都留下了切口。设计师还将此构思延伸，在几款 V 领上装胸前设计了多层布条，形成层状的裸露感。右上图这款设计修身合体，简约中性。上装圆领无袖，采用透视的雪纺面料，通过对材质的横向叠加产生有层次的深浅视觉效果。下配裹身中长裙，侧边开衩，并用布条缝合细节，产生独特的视觉效果。本款采用设计师酷爱的黑色，不同材质的黑色因质地不同而丰富了服装外观效果。

在准备 2019 年秋冬系列前，纳西索有了一对双胞胎，他一直在思考为小宝宝做什么衣服，这些都反映在他的最新系列设计中。相比以往，放松、宽大的造型成为此季作品的关键词，不过，设计上还保留了品牌的都市感。一场西班牙北部婚礼之旅促使设计师将出生于此的著名设计师克里斯托巴尔·巴黎世家（Cristóbal Balenciaga）作为他的灵感来源。巴黎世家以精湛的剪裁技艺而闻名，同样，纳西索也注重结构和廓形，事实上，系列中几款外套和大衣廓形均借鉴了巴黎世家著名的鞘式造型，另外一件结实的绿色棉质束腰长款连衣裙也明显受到巴黎世家作品的微妙影响。右下图这款皮质中长连衣裙上身合体，下身呈花苞状，造型和设计手法带有巴黎世家在 20 世纪 50 年代所设计的作品特征。胸前和袖口结构线以及腰间褶裥工艺线支撑着整款的设计中心，具有动静结合的视觉功效。这款裙装的设计线条自然，风格简约现代。

尼古拉斯 K ｜ Nicholas K

　　尼古拉斯 K（Nicholas K）品牌 2017 年春夏系列与名为 *Theeb* 关于贝都因人的约旦电影相关联，影片中的游牧民族服饰和沙漠绿洲文化启发了两兄妹设计师的灵感。本季设计廓形保持了一如既往的松散和自然，采用了包裹、缠绕和打结手法，不过较之以往该品牌所崇尚的都市游牧风格相比，此次设计更简洁并略显优雅。他们采用了上乘羊驼的处理方法，包括羊驼亚麻混纺，以制成悬垂状和厚实的层状肌理效果，成品质感轻盈且透气，这些材料被用于宽松、飘逸的连衣裙设计。此外，因参加了美国时装设计师协会和雷克萨斯举办的生态时尚挑战赛并进入了决赛，所以他们也开始可持续设计思维，本季的大衣、皮带包和宽边帽使用的皮革来自植物染色，还有印度工匠手工制作的面料，一件件造型极简的配饰是用回收的金属制成的。右上图这款外套设计采用了阿拉伯的大袍形式，直线裁剪将衣袖相连，臀部以同质料由两侧向中心系结，构成视觉中心。帽饰设计别具风采，设计师借鉴了阿拉伯头巾形式并与棒球帽融合而成，而驼色的运用突显了沙漠特色。

　　当模特踏着 20 世纪 90 年代震耳欲聋的嘻哈节奏走在 T 台时，尼古拉斯 K 品牌 2017 年秋冬系列所诠释的主题就一目了然，设计师解释道："这是一种光鲜亮丽的街头造型，展示的是你在 20 世纪 90 年代喜欢的东西"，如内长外短结构、宽大的嘻哈风格廓形、性感元素、高筒靴等。系列中第一款即 20 世纪 90 年代多重风格的混搭表现，金色镶毛披风大衣造型硕大，搭配同样金色的齐膝裙裤和贝雷帽，将自信和叛逆融为一体。该系列不乏品牌标志性的慵懒都市游牧形象，包括斗篷式外套、连袖式针织长裙、单肩式宽松超长罩衫、披风式连衣裙等，运用了缠绕、披挂、打结等品牌经典工艺。右下图这款设计单向露肩式上装廓形超大，无论是敞落至膝盖的袖身还是斜向条纹衣片都呈向下垂落的视觉效果。腰间缠裹着外套，随意系结，与上装形成松软、自由的廓形，这也是尼古拉斯人品牌吸引消费者的原因所在。搭配紧身裤装和短靴，体现出精干气质。整款以黑白灰为色调，结合宽条纹的走向和裙装的几何纹形成疏密关系的对比，使服装产生韵律美感。

普罗恩萨·施罗 | Proenza Schouler

在巴黎完成了两季作品发布后，普罗恩萨·施罗（Proenza Schouler）2019 年秋冬发布又回归了纽约时装周。这一季，赫尔南德斯（Hernandez）和麦科洛（McCollough）两位设计师尝试了曾在 20 世纪 80 年代流行的超大风貌，造型线条硬朗，同时在所运用的剪裁手法中加入了解构主义理念。风衣是此次解构表现的重点，他们尝试将传统英式风衣的翻领解构位置和方向，形成围巾功能；还有一款设计将经典酸洗牛仔马甲与风衣混搭在一起。针织衫是另一亮点，如针织外套腋下的挖洞处理，露出肌肤或内衣；还有将胸罩嵌入针织外衣的插肩袖结构中，使款式融为一体，这类内衣外穿的形式，其实是 20 世纪 90 年代时尚文化的反映。右上图这款连衣裙设计呈上紧下松的廓形，上身为高领无袖紧身网纱内衣，外搭胸衣，下摆处设置长腰带并敞开，颇有点狂野不羁。下身为喇叭裙造型，在臀围处设置有褶裥。褶裥连衣裙曾是普罗恩萨·施罗品牌以往成功打造的单品，设计师在此有意将擅长的褶裥细节带入整款设计中。色彩配置上以浅灰色为主调，镶拼黑色作点缀，形成有节奏的无彩色调，突显了中性风貌。

普罗恩萨·施罗 2020 年秋冬系列是一条毯子启发了设计师。赫尔南德斯和麦科洛在圣诞节送给造型师一条毛毯，而她将毛毯当作围巾使用，于是本季系列灵感就诞生了，赫尔南德斯解释道："她身上覆盖着一层力量和自信的保护层。"该系列第一款是一件合体的小黑裙，布料呈单肩式坠垂至手臂处，设计构思来源于围巾的系结方式和形态，之后的作品均围绕这一思维展开，如从一个肩膀上脱落的外套和针织衫、看似围巾的胸兜结构连衣裙、披挂式不对称连袖裙装、前胸捆绑式结构的单肩弹力皮衣和针织裙，甚至将齐膝长的布料包裹身体。本系列着重于思考服装结构和造型，从而设计了与以往不同的廓形。右下图这款双排扣大衣设计款式简洁，设计师有意加大领围尺寸，从而使其下落露出肩部，大翻领结构还起束缚作用。宽大的斜向黑白条纹突出了服装不对称的视觉效果，而超大的黄色皮包则有效地起到平衡作用。

奥斯卡 · 德拉伦塔｜Oscar de la Renta

时装品牌档案

费尔南多·加西亚（Fernando Garcia）和劳拉·金（Laura Kim）入主奥斯卡·德拉伦塔（Oscar de la Renta）品牌两年后，这个品牌在设计上已经完全不同了，年轻化是两位设计师所追求的目标，曾经的品牌秀场前排的座上宾已被说唱偶像和真人秀明星所取代。2019年春夏秀场上展示有奥斯卡本人生前倾注了大量心血的裙装，如上紧下松的连衣裙、纱笼式裹身衣、睡衣式套装和类似晚礼服的连衣裙以及无肩带紧身胸衣式外出上衣和定制裤子。毫无疑问，本季作品融入了多重世界各地的民族元素，而这与两位设计师经历有关，劳拉曾在夏季去摩洛哥度假，所以秀场中出现了较为宽松舒适的带有摩洛哥风格的廓形以及黑白色调的几何图形和流苏的运用，而那些披着纱丽的款式则是加西亚去了印度的缘故。左图这款设计中，长外套采用了阿拉伯大袍廓形，圆领结构，前身衣片交叉，门襟侧向系结，简单明了的线形图案加强了服装的北非特色。两侧高开衩，露出搭配的长裤，造型宽松、线条自然。嫩黄色犹如沙漠中的绿洲，顿显活力。

加西亚和劳拉最近一直通过旅行寻找灵感，在2020年春季系列的开发过程中，两人突然意识到，他们还没有探索过品牌创始人奥斯卡先生的国家多米尼加共和国，况且加西亚本人也是多米尼加人，他说："我们真的很想挖掘品牌所蕴藏的美洲文化。"在装点着棕榈树和硕果累累的大篮子的秀场上，超短的裙摆造型和宽大的卡夫坦式连衣长裙，勾起了人们对度假的回忆。本季更多展示的单品是裙装，两位设计师以更轻松的造型和更轻的材质诠释了该品牌原有的审美精髓，如裹身式雪纺迷你裙、绣花亚麻连衣裙、前短后长的派对礼服等。右页图中这款上装采用深V领，造型硕大的灯笼袖由于使用飘逸透视的雪纺而使服装更加妩媚。阔腿长裤的裤身运用贴布绣和电脑绣花工艺，展现了一幅鸟语花香的场景。本款以纯真、自然的米黄色作为主调，突出了户外乡间的感觉。上装圆领结构拼接手工艺贴边更突出了服装的民族性。

拉夫·劳伦｜Ralph Lauren

　　拉夫·劳伦（Ralph Lauren）是美国运动休闲服装之父，一些人以他的服装品牌成功构建起一种生活方式，拉夫·劳伦已成为向外输出美国文化的代名词。为纪念拉夫·劳伦品牌创立50周年，2018年秋冬发布会邀请了众多名流，其中包括时尚界的著名人士：卡尔文·克莱恩（Calvin Klein）、唐娜·卡伦（Donna Karan）和黛安娜·冯·弗斯滕伯格（Diane Von Furstenberg）等。100多款作品充分展示了其设计作品的独具特色、带有美国式的优雅魅力，有运用法兰绒制作的带欧洲宫廷气息的外套和大衣，有闪闪发光的巴洛克风格的首饰设计，有表现军装风格的门襟和袖口装饰电脑绣花的卡其色大衣。系列中最令人熟知的还是预科生风格（Preppy Look）服饰设计，包括校园夹克、镶拼口袋的花呢外套、色彩欢快的马球衫，以及可爱的泰迪熊毛衣。右上图这款设计即是预科生风格的运用，也代表了拉夫·劳伦的品牌精髓。上装是宽松圆领针织衫，胸前是品牌Logo，黑色Logo在红色的映衬下格外醒目。搭配的超短裙和贝雷帽同样为黑色，与上装的图案文字相呼应。

　　拉夫·劳伦2019年秋冬系列围绕吸烟装展开（吸烟装融合了男士礼服的经典元素和女性的高雅、柔美，1966年由法国著名时装设计师伊夫·圣·罗兰率先开创这一风尚，因服装廓形宛如香烟而得名）。对拉夫来说，他在50年前曾尝试将男士衬衫和西装元素融入女装设计中，本季系列再次展示其卓越的设计能力，如红色和蓝色的缎面燕尾服西装、青果领黑色丝绒套装、搭配马裤和马甲的短西装，以及正统双排扣西装款式，而胸袋处的绣花图案则是设计要点。此外，拉夫还将吸烟装的概念进行了拓展，设计了诸如西装款连体装、与宽松西裤搭配的露肩式短马甲、内搭燕尾服衬衫和蝴蝶结以及镶满水晶的人字呢大衣等款式。右下图这款设计属于经典的双排扣西装，造型合体，线条洗练。衣身为高档的丝绒，而缎面的大青果领透出光泽感，予人以贵族气息。整款色调呈黑色，但因材质不同呈现出不同的深浅，而内搭胸前的彩色小熊图案在严肃的黑色调中显出调皮和活泼感。

汤姆·布朗｜Thom Browne

时装品牌档案

2018 年春夏汤姆·布朗（Thom Browne）作为品牌第一次在巴黎作秀，汤姆设计了一个史诗般的超凡脱俗的场景。本季系列是对迪士尼经典动画片《小美人鱼》的联想设计，"两个女孩梦见了独角兽、美人鱼，以及所有想梦见的东西"，这是汤姆构思的出发点。他将影片主角爱丽儿的水下栖息地作为灵感，随心所欲地发挥想象力，一件晚礼服上缠绕着类似章鱼的粉色触须，外观栩栩如生，还有一件闪闪发光的裙装上镶嵌着成千上万的亮片，看起来像是压碎的珍珠母。材质是该系列的表现重点，汤姆选用大量薄纱构建蓬松造型，有一款模特身着的薄纱服装像海草一般，还有一款将层层薄纱塑造成鱼尾造型。右上图这款设计选用薄纱作为主要材质，将品牌主打的西装款式与裙装结合，以贴布绣和立体化工艺装饰于衣身。裙身呈圆弧状，不规则丝带宛如浮游生物依附于薄纱表面。整款色彩选用粉色调的橘色、柠檬黄和紫色等，组成了一幅富有梦境般的童话画面。

汤姆·布朗 2020 年秋冬秀主题是诺亚方舟，这是汤姆基于 2020 年这一特殊时期由《圣经》得到的启发，他欲借助服饰语言来展现超凡的想象世界，因为他长期以来一直将时尚定位为逃避现实的手段，所以其设计向来充满盛装感。法兰绒西装外套自品牌创立时就是其标志性的单品，在本季设计中，汤姆运用不同技术方法对其进行创意设计，包括运用滚边、拼接、流苏装饰等工艺，如有几款将各种动物造型以贴布绣工艺运用于西装大衣。他还尝试运用几何图案，其中有两款以斜向排列，视觉效果独特。他还在一些复杂的外套里还嵌入了汤姆那迷人的黑色幽默，右下图这款设计也展现了这一点，这是本系列的第一款，模特身着米白色滚边修身燕尾服，面料上还装饰了动物贴布绣，搭配 A 形条纹中长裙，硕大的蝴蝶结装饰不落俗套。最具吸引力的莫过于头上戴着的长颈鹿面具和脚上穿着的像蹄一样的厚底短靴，设计师以此来渲染出一幅超越现实的画面。

汤姆·福特｜Tom Ford

汤姆·福特（Tom Ford）2019年春夏秀设计灵感来自电视连续剧《巴比伦·柏林》（*Babylon Berlin*），福特重拾其在20世纪90年代中期成名的黑暗魅力元素进行演绎。系列中有搭配紧身胸衣的裙子套装、运用解构主义原理的吸烟装、融入男式裁剪技艺的丝缎女装、以蕾丝装饰裙摆的紧身裙，还有披风造型的针织长袍，福特将20世纪70年代和90年代的时尚元素融为一体。右上图这款作品廓形细长，呈20世纪70年代风尚。这套服装由典型的西装外套和齐膝裙构成，光泽感良好的仿鳄鱼皮透出奢华和狂野。精致透视的蕾丝紧身胸衣散发着浓浓的女性魅力，福特还特意在裙摆装饰蕾丝，与仿鳄鱼皮形成了强烈对比。这就是设计师所打造的既性感妩媚又中性成熟的新时代女性形象。

作为美国时装设计师协会新晋主席，福特将其品牌2020年秋冬秀安排在洛杉矶举行，吸引了好莱坞及各路明星。这季系列灵感来自1967年巴黎版*Vogue*杂志摄影师鲍勃·理查森（Bob Richardsm）拍摄的一对情侣分享抽烟的一张照片。较之以往，汤姆·福特本系列呈现出更简约、轻松和可穿性的设计概念，如宽肩毛边套头衫，造型超大、方正，搭配紧身性感的斜裁绣花裙、流苏长裙等，此外，褪色的拼接牛仔裙裤设计也为品牌带来了全新的休闲气息。搭配迷彩色拼接板裤的军绿色露脐针织短衫、超大斗篷式扎染曳地深V领长袍、豹纹宽松裤、金色花卉纹样束腰裤等，类似这些设计均被福特称为"时髦的、可能有点硬朗但非常性感"的设计。适合走红毯的礼服系列是走秀的高潮，右下图这款礼服造型紧身合体，充分展现了福特对于女性审美的把握，也是品牌性感风格的绝佳诠释。在具体结构上，福特充分运用"露与遮"这一矛盾体，别出心裁地将透明蕾丝材质在胸前斜向缠绕，露出的肌肤成为视觉中心。颈侧和腰间的蝴蝶结则在舒缓的造型中起到补充作用并成为装饰中心。

汤米·希尔费格｜Tommy Hilfiger

时装品牌档案

作为主打预科生风格的少女品牌，汤米·希尔费格（Tommy Hilfiger）一直走在时尚的前沿，并俘获了大量年轻消费者，其中包括顶尖模特吉吉·哈迪德（Gigi Hadid）。2016 年秋冬系列即品牌与吉吉的合作产品，产品信息通过她传递给大约数量为纽约市人口三倍的粉丝，开启了即买即穿销售模式。本季的设计依旧是少女运动风，其中加入了航海主题，海魂衫的条纹元素被大量运用于领面、袖口、衣身、下摆等部位，以及蝴蝶结、领巾、腰带、包袋等配饰。此外，军大衣造型、海军领、锚的贴布绣、海蓝色，甚至缆绳图形等元素都有体现。左下图这款连衣裙宽肩、收腰、微宽下摆，呈 X 形，属于典型的甜美优雅风格。整款设计简洁，强调领面和袖口的条纹镶拼，而蝴蝶结和腰间缆绳图案是设计重点，并运用超现实设计理念呈现出一种视错效果。整款以黑色作为主调，白色点缀，对比强烈。

汤米·希尔费格 2017 年春夏系列适时推出了持续盛行的 20 世纪 90 年代运动风貌这一主题，T 台上到处是简洁洗练的造型、轻松活泼的款式、明亮跳跃的色彩，适合日常休闲、海滩度假等生活场景。设计师还从品牌档案中找灵感，受一款老式拼接牛仔裤启发设计了西部粗砂牛仔裤，并加入了一些嬉皮士风格图案进行拼贴。作为品牌象征的预科生风格，服装经典单品——斜纹棉布裤也被重新打造，面料上装饰了不同图案的贴布绣，体现出了民族风情。将美国星条旗元素进行混搭是汤米·希尔费格品牌的惯例，从条纹到红蓝白三色的搭配，在紧身短上装、热裤、胸衣、套衫、开襟衫等品类，甚至背带、字母和罗纹上都有所呈现。右下图这款设计造型呈上紧下松的 A 形，以拼接手法将印花与由美国国旗提取的条纹图案呈斜向组合，手帕状的裙身造型舒展，散发出浓浓的波西米亚氛围，与此对应的首饰、颈饰、腰带在设计风格和造型上也是如此。

王薇薇｜Vera Wang

时装品牌档案

　　王薇薇（Vera Wang）的内心是个不折不扣的运动爱好者，她偏爱 T 恤搭配紧身弹力裤的装扮，2014 年春夏，她应景地把运动风带到了她的成衣品牌秀场上，这一季的作品中包含许多运动元素单品，如露脐小上衣、短款小外套、薄如蝉翼的连衣裙等。当然，王薇薇的礼服手法还是随处可见，如紧身裙贴身剪裁与分割、透明薄纱与不透明材质的透叠运用，曼妙的身体曲线若隐若现，十分性感撩人。左下图中这款设计轻松自在，表现出无拘无束的自由情愫。薄纱吊带衫内衬打底，外搭同质料的超长不对称背心裙，两层都印有似水墨画的图案，如行云流水般，蕴藏着速度与活力——依旧不失妩媚动人。款式结构随意自然，自上而下舒展飘逸，并略带运动的气息。搭配的黑纱低腰超宽松长裤，黑色从下向上，由浓重向装饰过渡。模特的妆容干净淡雅，包头装束更突显运动感。

　　王薇薇成衣品牌由婚纱设计发展而来，这位设计师也被公认为世上最佳婚纱设计师之一。王薇薇品牌 2019 年秋冬婚纱系列灵感来自法国路易十四国王或太阳王，以及其在位时建造的凡尔赛宫，她说："路易十四是有史以来第一位时尚摇滚明星。"的确，路易十四痴迷于时尚并颁布了一系列相关的着装规范。本季系列共 15 件，大部分以具有诱惑性的裸色为主调。设计师运用欧根纱、金属丝、蕾丝等材质，作品充满奢华和空灵效果，从中可以感受相对应的灵感元素，如金碧辉煌的宫殿建筑细节和路易十四的着装形象。此外，流行于中世纪欧洲宫廷的拉夫领、紧身胸衣、皇冠、帝政造型结构等均有呈现。右下图中这款作品采用典型的婚纱造型结构，上紧下宽，富有张力。胸前是整款设计的重点，金属丝材质图案精美，使人联想到凡尔赛宫的装饰，在层层的裸色欧根纱衬托下显得格外高贵亮丽，并形成质感对比。白色拉夫领经设计师的巧妙构思展现出轻盈感，更加强了作品的浪漫性。这就是王薇薇品牌塑造的独具魅力的新娘形象。

谭燕玉 | Vivienne Tam

时装品牌档案

谭燕玉（Vivienne Tam）一直在中国元素中寻求灵感，2014 年春夏，她将灵感缪斯锁定在老上海旗袍女郎上，她从书籍和自己搜集的印花资料中拾取元素，参考中式经典的含有比喻意义的美学意象，并将这些加入本季的设计之中。图中的连衣裙是一款中西完美结合的设计。本季谭燕玉将图案作为主打元素，右上图这款中高密度堆叠的荷花图案就十分出彩，荷花在中国一直有神圣净洁的象征，她用白色与荷花图案搭配，将西方白色代表的纯洁与中式的圣洁结合在一起，两种文化的融合很有韵味。斜裁的黑色过肩形成变相的中式领，蓝色的纵向镶拼条将裙子分成一半中式、一半西式的氛围。为了突出印花效果，谭燕玉简化了服装的廓形，采用简单的 X 形，袖子和裙摆都中规中矩，可穿性极强。

谭燕玉品牌 2018 年秋冬延续上一季由一位女旅行者引发的灵感，继续其穿越喜马拉雅山脉到西藏的"精神之旅"。谭燕玉反复运用象征宇宙的圆形曼陀罗，包括在秀场上投射于墙面的旋转图形和服装上的图案。她还借鉴了藏传佛教地区的诸多服饰元素，如缠绕式的门襟、长袖、外套的独特穿着方式、竖条纹色彩的排列形式、蒙古袍造型等，同时结合当季的流行热点，如运动风貌、宽大造型等，非常巧妙地将民族元素运用于现代设计中。本季的另一特点是在服装中加入科技元素，有一件带兜帽的黑色夹克，后片嵌有一个加热板，非常适合在山里跋涉时取暖。右下图这款设计采用了混搭手法，将民族风与军装风格融为一体，塑造了具有都市感的异域风情。军绿色长款连帽风衣廓形超大，加长的袖身明显受到藏族服饰结构的影响，而从其中的刺绣图案也能领略到其中的宗教文化。搭配的拼接印花衬衫和裤装色彩纯正艳丽，相互间呈纯度对比关系。腰间的围裙在造型和色彩搭配上则留下了藏族服饰的烙印。

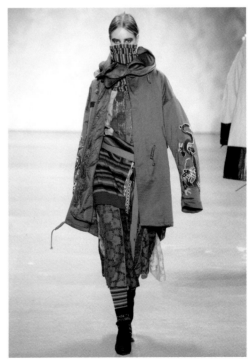

参考文献

[1] 陈彬 . 时装设计风格 [M]. 上海：东华大学出版社，2018.

[2] 刘晓刚 . 服装设计与大师作品 [M]. 上海：中国纺织大学出版社，2000.

[3] 卞向阳 . 服装艺术判断 [M]. 上海：东华大学出版社，2006.

[4] 卞向阳 . 国际服装名牌备忘录（卷一）[M]. 上海：东华大学出版社，2007.

[5] 卞向阳 . 国际服装名牌备忘录（卷二）[M]. 上海：东华大学出版社，2008.